我的第一本科学漫画书

科学实验王 升级版

KEXUE SHIYAN WANG

18 植物的器官

ZHIWU DE QIGUAN

[韩] 小熊工作室/著
[韩] 弘钟贤/绘
徐月珠/译

二十一世纪出版社集团
21st Century Publishing Group

审订序

通过实验培养创新思考能力

少年儿童的科学教育是关系到民族兴衰的大事。教育家陶行知早就谈到："科学要从小教起。我们要造就一个科学的民族，必要在民族的嫩芽——儿童——上去加工培植。"但是现代科学教育因受升学和考试压力的影响，始终无法摆脱以死记硬背为主的架构，我们也因此在培养有创新思考能力的科学人才方面，收效不是很理想。

在这样的现实环境下，强调实验的科学漫画《科学实验王》的出现，对老师、家长和学生而言，是件令人高兴的事。

现在的科学教育强调"做科学"，注重科学实验，而科学教育也必须贴近孩子们的生活，才能培养孩子们对科学的兴趣，发展他们与生俱来的探索未知世界的好奇心。《科学实验王》这套书正是符合了现代科学教育理念的。它不仅以孩子们喜闻乐见的漫画形式向他们传递了一般科学常识，更通过实验比赛和借此成长的主角间有趣的故事情节，让孩子们在快乐中接触平时看似艰深的科学领域，进而享受其中的乐趣，乐于用科学知识解释现象，解决问题。实验用到的器材多来自孩子们的日常生活，便于操作，例如水煮蛋、生鸡蛋、签字笔、绳子等；实验内容也涵盖了日常生活中经常应用的科学常识，为中学相关内容的学习打下基础。

回想我自己的少年儿童时代，跟现在是很不一样的。我到了初中二年级才接触到物理知识，初中三年级才上化学课。真羡慕现在的孩子们，这套“科学漫画书”使他们更早地接触到科学知识，体验到动手实验的乐趣。希望孩子们能在《科学实验王》的轻松阅读中爱上科学实验，培养创新思考能力。

北京四中 物理教研组组长 物理高级教师 厉璀琳

作者序

伟大发明大都来自科学实验！

所谓实验，是为了检验某种科学理论或假设而进行某种操作或进行某种活动，多指在特定条件下，通过某种操作使实验对象产生变化，观察现象，并分析其变化原因。许多科学家利用实验学习各种理论，或是将自己的假设加以证实。因此实验也常常衍生出伟大的发现和发明。

人们曾认为炼金术可以利用石头或铁等制作黄金。以发现“万有引力定律”闻名的艾萨克·牛顿（Isaac Newton）不仅是一位物理学家，也是一位炼金术士；而据说出现于“哈利·波特”系列中的尼可·勒梅（Nicholas Flamel），也是以历史上实际存在的炼金术士为原型。虽然炼金术最终还是宣告失败，但在此过程中经过无数挑战和失败所累积的知识，却进而催生了一门新的学问——化学。无论是想要验证、挑战还是推翻科学理论，都必须从实验着手。

主角范小宇是个虽然对读书和科学毫无兴趣，但在日常生活中却能不知不觉灵活运用科学理论的顽皮小学生。学校自从开设了实验社之后，便开始经历一连串的意外事件。对科学实验毫无所知的他能否克服重重困难，真正体会到科学实验的真谛，与实验社的其他成员一起，带领黎明小学实验社赢得全国大赛呢？请大家一起来体会动手做实验的乐趣吧！

目录

人物介绍

范小宇

所属单位：黎明小学实验社

观察内容：

· 拥有高人一等的生存能力，就算被丢弃在无人岛也可以好好活下来。

· 喜欢说成语，却总是用错。

· 为了让自己看起来更温柔而改变发型，只是江山易改，本性难移，毛躁的个性依旧没有半点改变。

观察结果：勇敢的行动派！因对野外的适应能力达100%而沾沾自喜。是大家的开心果，但不按常理出牌的个性让周围的人吃尽了苦头。

罗心怡

所属单位：黎明小学实验社

观察内容：

· 只要实验社的队友们意见不合，就会忧心忡忡。

· 跟比赛的对手米娜编到同一组，起先有些别扭，后来受到米娜爽朗个性的影响，没多久她俩就变成好朋友了。

· 暂跟黎明小学实验社的男生们分隔两地。

· 对科学营非常热衷。

观察结果：能够很快适应环境，同时，深深觉得自己跟森林里的植物很像，因为都会适应环境而成长。

江士元

所属单位：黎明小学实验社

观察内容：

· 跟以往聪明伶俐的形象不同，搭帐篷的姿势非常笨拙。

· 拥有丰富的植物知识，懂得在深山里寻找可以食用的植物。

· 以领导者的姿态，在实验猜谜接力大赛中以最后一位选手的身份出战，但是知识渊博的他却无法回答题目！

观察结果：生平第一次到山里。向来被称为“冷血动物”并崇尚完美主义的他，在本集中展现了迷糊与温柔的一面。

何聪明

所属单位：黎明小学实验社

观察内容：

· 虽然嘴上说对闹鬼风波不在意，其实内心非常不安。

· 因为在实验猜谜接力大赛中居下风，内心感到很有压力。

· 是名不虚传的笔记王，不管遇到多复杂的题目，都能有条有理地按照笔记上的内容把答案推理出来。

观察结果：在关键时刻，以自己和小倩的回忆作为提示，毅然解决问题，顺利解除危机。

艾力克

所属单位：大星小学实验社

观察内容：

· 拥有惊人的科学知识与优秀的外表，而且全身散发出领导者的风采，但是随着当比赛时间的拉长，人情味明显下降。

· 具有把一件很简单的事情搞得很复杂的专长。

· 是队里的主导人物，总是默默地在背后观察一切。

观察结果：在所有学生因为神秘的黑影而陷入混乱之际，他以卓越的推理能力说出了黑影的真相。

许大弘

所属单位：太阳小学实验社

观察内容：

· 不打算把体力浪费在实验猜谜接力大赛以外的事情上。

· 是太阳小学实验社的队长，总是以严格的管理方式对待小组成员，但在队员处于饿肚子的状态时，他的管理能力便失去了作用。

· 遇到突发状况就会手忙脚乱！

观察结果：总是跟其他队伍的队员划清界限，后来因为小宇跟罗敏不断开他的玩笑，界限也就越来越模糊了。

❶

❷

❸

其他登场人物

❶ 跟罗心怡睡同一个帐篷的米娜。

❷ 跟小宇一拍即合的罗敏。

❸ 跟实验社一起露营的老师们。

第一部 科学营的第一天

叽叽
两天一夜科学营
叽叽

吱吱……
到了！
下车时别忘了自己的行李。
是！

到了！
吵闹
吵闹
哇！

你有没有把我昨天
给你的书带来？
点头
当然啰！
点头

这本《野外求生手册》，
我在车上已经看过两遍了！

杀气
我再重复一次，
你们绝不可以
忘记！
太好了，大家
要小心，别受伤了。
自信满满
嗯。

我们的目标
就是获胜！
别在这里浪费太多体力，
绝对不能让露营
影响到比赛！
当然了！
嗯！
点头

森林是
很危险的地方！
森林是会发生火灾、
山崩、洪水、雪崩等
自然灾害的地方。
轰轰轰轰
到处都充满了各种
有毒的草和蘑菇。
还有吸人血的
蚊子、蚂蟥
和毒蛇……
哈哈哈哈哈
风景
真是漂亮！
毒蛙……
哇啊

连天气也欢迎
范小宇的到来呢！
好凉爽
哟！
真是百年
难得一见的
好天气！
哈
沙沙
看吧，
来这里是
对的。
唔……
嗯？
一群没有常识的
黎明小学笨蛋！

插
嘿，许大弘！
大方
大方
瞪视
既然一起来露营，这两天一夜我们就休战吧？

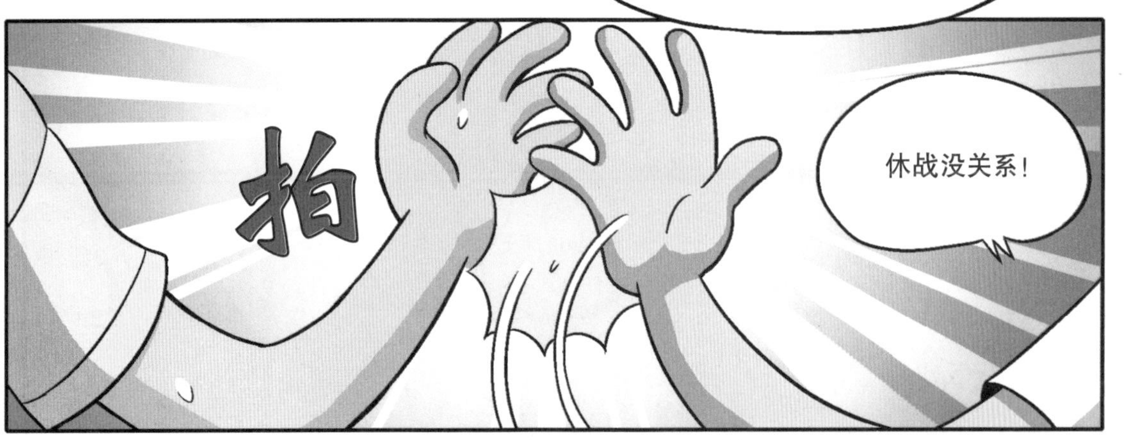
拍
休战没关系！

但话可不能这么说哟！
因为你从来就不是我的对手。

噢，是吗？如果是以前的我，这番话肯定会惹恼我……
呵呵呵……
暴怒！
什么？你太看不起我了吧？
过去的范小宇
不可原谅！
不过，我已经“改头换面”了……

灵光乍现
我知道你也很想休战。
颤抖
颤抖
有什么不同吗？
就算你重新投胎一百次，你也只配当……
攀附在“士元”这棵树上的寄生植物！
什么？
寄生植物？
就算是已经改头换面的小宇，还是会发火的！
虽然我不知道那是什么……
不爽
搞不清楚
呼。
瞪眼 瞪眼
休战协商破裂！
我压根就不同意休战！
话不投机半句多！
抓住
抓

把手上的物品
放进背包里，
这样
就可以灵活
运用两只手了。
不过，就算手上
没有提东西，也不要
把手放进口袋里啊！
嗯？
啊！

要走到半山腰的
露营区呢！
鞋带要绑紧一点儿。
不是吵架
的时候！
沙沙
哼，我当
然知道！
拍拍
绑紧
拉紧
背包的背带也要
调到适当的位置！

都准备好了的话，
我们就出发去露营区吧！
好！
沙

走远路时，
步伐是很重要的。
嗒嗒
嗒嗒
如果步伐不正确，
就会容易感到疲惫，
也会容易受伤。
嗒嗒
嗒嗒
脚掌接触地面的部分
走路时前脚的重心
是由后往前
移动的，
身体向前移动时，
后脚的脚跟抬起。
嗒嗒
噢
走路时，
脚印的分布
真的比较
均匀！
走路的时候
不要看地上，
要看前方。
哈哈哈！
没听到吗？
走路要看前方！
好像是
针对你说
的啊！
蜷缩

下坡时，
要放慢速度。
整个脚掌都
要接触到地面。
嗒嗒
嗒嗒

上坡时
要缩小步伐，
慢慢走……
就是这样。
踩稳
踩稳

叽
叽

习惯正确的走路方式
是很重要的。

不过
更重要的是……

要懂得享受走路。
啊……
路走得越多，
腿部的肌肉就会越结实，
虽然有点喘。
稳稳地踏出每一步，
试着感受腿部的力量。
有拉扯肌肉
的感觉……
突然……
觉得心情
很好！

这里有许多都市里
看不到的植物和昆虫，
大家可以边走边观察。

叽叽叽
叽叽
嗯?

是花栗鼠!
咬咬
咬咬

哇啊!
啊!

尴尬
啊……
你好！
别扭
你好。

那个看起来很美味吧？
转
嗒嗒
嗒嗒

一起走吧！
抖抖抖
嗒嗒嗒
啊！

原来是看到了水果啊！
呼呜……
长得好像葡萄呀！
看起来真好吃。

要过这座桥吗？
吵闹
！
吵闹

怎么了？
嗒
嗒嗒
要过那座桥！
摇晃
摇晃
摇晃
我做不到！
我不敢！
呃啊

只是看起来比较危险，只要集中精神，
克服恐惧就行了！
抓
唰唰唰唰

摇晃
一面看着脚踩的位置，一面维持身体平衡。
摇晃
然后稳稳地通过！

摇晃
摇晃
嘎嘎
不要想着要让摇晃的桥静止下来，
要像玩荡秋千那样，让身体跟着摆动！
嘎嘎……
嘴上说当然很简单……
沙
那我先走了。
腿软

摇晃
摇晃
呃
啊！
艾力克太过分了，功课好、长得帅就算了，居然还很勇敢！

简单。
吱嘎
吱嘎

艾力克和士元都能走过去，我也可以！
沙

这次换我！
你先吧！
糟了！
开始摇晃了！
摇来
摇去
只要紧盯着
木板看就不会
掉下去！
头昏眼花了。
哗啦啦啦
好像鬼打墙，
没有终点！
摇来
摇去
我走不动
了……
真的！

谁来救救
我！
SOS
跪地求饶
抖抖
抖抖

看到没？
我的实力！
哈哈
哈哈
哈
跟着我做
就好了！
我看到你的
脚在发抖。
抖抖

……
SOS
SOS
已经过来了啊！

……
……
抖抖抖抖

心怡，
快过来！
很简单的，
慢慢走过来
就行了！
只有一点点
可怕！

好，
我知道了！
我要
鼓起勇气！

摇晃
摇晃
沙沙沙沙沙
啊……

呼呼……
呼呼……
只剩下我了！
大家都
安然无事地
走过去了……
我得快点过去……
呼呼……

一定会没事的！
咬紧牙关
咯
大幅
咯
咯
咯咯
咯
晃动
晃动
许大弘！
你在做什么？
不要跑！

哇啊！
摇晃
剧烈
摇晃
等等啊！
先冷静下来降低
重心，好好维持
身体的平衡！快点！
好可怕！
晕眩
头好晕！
晕眩
哇！
救命啊！
你们
先别动！
摇晃
摇晃
摇晃
嗒嗒嗒
这样下去
会有危险的。
我来帮你们！
嗒

嗒
江士元?
范小宇?
顿住

把脚拿开!
嗯? 唔……

这小子……
转
你们
没事吧?

心怡！
呼呼
你还好吗？

只是吓了一跳，没事的。
呼
真是太好了！

转
全都是胆小鬼
许大弘害的……
许大弘！

咦……
你到底是怎么了？
你脸色
好难看。
喘气
喘气
喘气

先喝点水休息
一下，马上
就会好的。
递出

如果你有恐高症，
应该先让我
知道的。
蜷缩

没……没有！
我没有恐高症！
是因为风太大，身体才失去平衡的。
……
我身体好得很！
猛然
……
……
嗒嗒
嗒嗒
嗒嗒

废校露营区
哇啊！
终于到了！
嗒嗒嗒嗒
竟然是废校？
看起来好阴森！
嗯。
这里是我们的地盘！
放
呸呸呸
每一个队伍先选择中意的场所，然后开始搭帐篷。
女学生只有两位，你们两个就睡一个帐篷吧！
嗯。
不要吐口水了，脏死了！
好。

我们搭在
这里吧？
好！
放
好，
离得越远越好！
我们离黎明小学
的人越远越好。
窸窣
地点是我挑选的，
搭帐篷的机会就让给你们两位了。
什么？
冒青筋
在打什么
鬼主意呀？
那你
要做什么？
我要去帮助
心怡她们！
这么弱不禁风的
两个女生，怎么有力气
搭帐篷呢？
哼

我这里铺好了……
你呢?
不自在

嗯,
我这里也好了。
沙沙

先用两手抓着支架,
然后同时拉开,
要快速地
往后退哟!
点头
嗯,
知道了。

心怡,
我来了!
呼呼
呼呼
一,
二,
三!
撑

砰
咚

小宇！
你没事吧？
口吐白沫

你干吗
到这里闲晃啊？
我吗？

沙
这么吃力
的事情，应该
由男子汉来做
才对……
不必了。

愣……
我……
想帮
你们……
不必了！

我又没拜托你，
是你自己硬要来要帮我们的，
你这样是侵犯我们的权利哟！
这是我们
该做的事，我们
自己来就行了。
哼！
你说是不是？
是啊，小宇，
如果需要帮忙，
我再跟你说。
我只是
好意想
来帮你们……
话也说得
太重了吧？
呵呵
那边恐怕
更需要你的
帮忙哟？
士元，抓这边
就行了吗？
等等！
难得士元这家伙
看起来那么狼狈！
慌
慌

真是的！
没有我，他们什么
事都做不成啊！
噗哈哈哈

你们在做什么呢？
谁来
救救我？
少废话，
抓住我的手。
偷瞄
偷瞄
别再显摆了，
明明就不会嘛！
我哪里显摆？
拜托你们
先把我拖
出来。

别管他们了。
呼
吓到

啊……
抱歉，我有点
担心他们……
咔咔
争吵不休

别理他们了。
窸窣
男孩子们都是那
样打打闹闹的。
嗯？

对彼此完全没有好感。

现在是好朋友了吗？

刚开始，必须进行光合作用的植物，会为了争夺阳光和土地而吵架。
让开！都是你，害我照不到阳光！
你想怎么样！
不要碰到我的根。
你才是！
嗯……
不过，
经过漫长的岁月后，都适应了彼此，逐渐形成了大片的森林。
现在我不需要太多阳光。
托你的福，我身上的水分蒸发减少了！
同理，他们也是一样，虽然一直拌嘴……
你干吗抓我的语病？
好啦，你就别再说我了。
植物间的争吵……
跟以前真的不一样。
我现在也蛮喜欢他们的。
即使环境是一样的……
适应后产生变化？
啊……
哎呀！
我也不知道我在说什么，大概就是那样的意思。
不，我好像听懂了。
是吗？

嗯！
我们生存的环境
不也是一个大实验室吗？
一起生存的实验？
什么？说我
没概念？
是事实
啊！
小宇和士元也是，
还有聪明，真的
都变了好多。
冷血的
家伙！
我一定可以
成为专业的
实验记者！
你迟到了，喂！
忽视
忽视
我也变得
很喜欢他们。
你能理解，
真是太棒了！
哈哈
或许……
是因为彼此
喜欢在一起，所以
才来这里的。
我的技术不错吧？
你这样
就是显摆！
我睡这一边。
啊，好！
好！
那我
睡这一边！

沙沙沙沙沙
呼！

他们……终于到了！
沙沙沙沙沙
呼呼呼呼

实验 叶脉书签DIY

叶脉是叶片上分布的细管状构造，主要由细而长的细胞构成，如果仔细观察植物的叶子，就能发现叶脉从叶尖一直分布到叶柄，负责输送水分与养分等到叶片各处。开花植物的叶脉形状主要分成两种，像扶桑花或杜鹃花这类双子叶植物，叶脉的形状是网状；而稻子和竹子这类单子叶植物，叶脉的形状为平行的条纹状。只要挑选纤维比较粗、纹路比较清楚的叶脉，就能做出独一无二的书签。

准备物品：各种树木的叶子、液态氢氧化钠[1]（液态）、小苏打粉、水、加热工具、废弃不用的不锈钢锅、镊子、量杯、培养皿、牙刷、报纸、漂白水、墨汁、滴管

❶ 采集几片叶子，叶子表面最好没有昆虫啃食的痕迹。

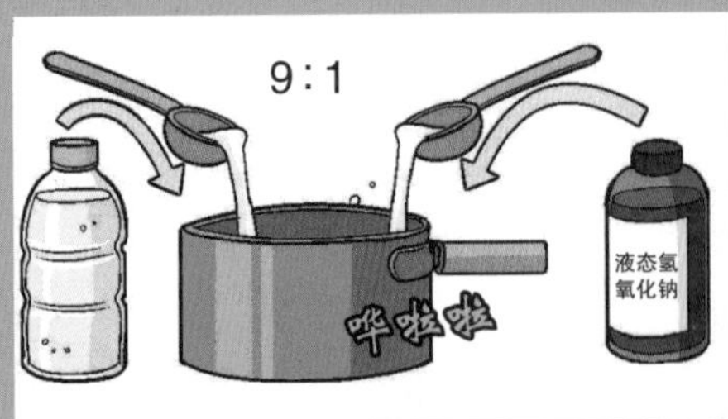

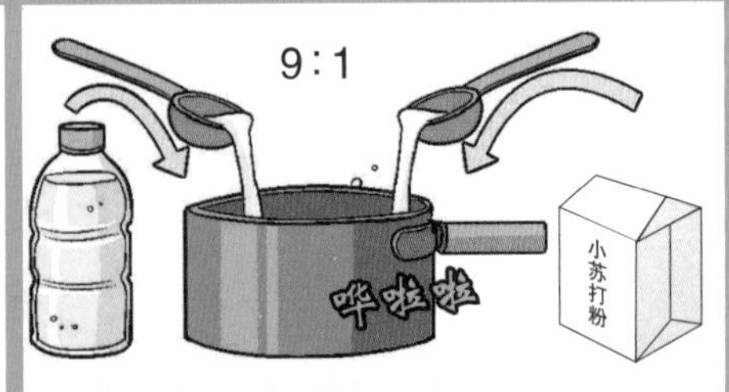

❷ 把水和液态氢氧化钠以 9:1 的比混合。

或者把水和小苏打粉以 9:1 的比混合。

注 [1]：液态氢氧化钠俗称“液碱”，浓度通常为 45%，可在化工原料商店购得。因为具有腐蚀性，应佩戴橡胶手套来操作实验，以避免皮肤直接接触。

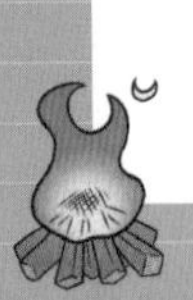

❸ 把叶子放入混合溶液中小火煮30分钟[1]，应加锅盖避免碱性液体喷溅。

❹ 用镊子取出叶子后，用牙刷轻轻刷叶片的部分，直到叶片的部分完全剥落。

❺ 用水把叶子上的碎屑冲洗干净，然后用报纸把叶子上的水分吸干。

❻ 再以9:1的比把水和漂白水混合，然后将叶脉放进去漂白20分钟，夹出放置于报纸上吸干水分。

❼ 接着进行染色，将喜欢的颜色的染料用水稀释后，将叶脉放进去染色，上色后再取出，夹在报纸里晾干。

❽ 最后把充分干燥的叶脉拿去过塑，再依照叶子的形状剪下来，就能当作书签使用了。

注[1]：若使用小苏打代替氢氧化钠，由于叶肉腐蚀较慢，可视情况增长加热时间。

这是什么原理呢？

碱可以溶解脂质，所以把叶子浸泡在碱性的氢氧化钠溶液中，并加热一段时间，叶肉的细胞膜就会被破坏，叶肉细胞就可以被牙刷刷掉，然后只剩下美丽的叶脉。虽然叶脉的组织比叶肉坚硬，但如果在氢氧化钠溶液中浸泡过久，叶脉也会一同被腐蚀掉，导致书签制作失败。

叶子的构造

叶子主要由叶片、叶柄、托叶三个部分组成，叶片上布满了负责输送水分与养分的叶脉，叶片通常呈绿色，为了方便吸收阳光，大部分是平面的。叶柄负责连接叶片与茎，为了让叶片充分照到阳光，茎会往有阳光的方向弯曲生长，这称为植物的“向光性”。叶柄下的托叶主要的功能是保护刚长出来的嫩叶。

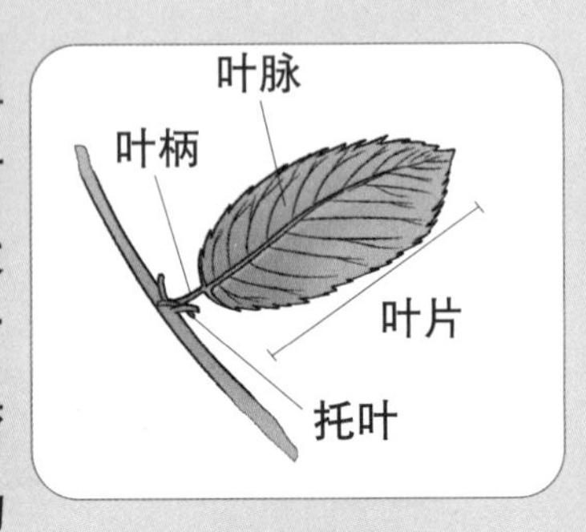

叶子的构造

叶脉的种类

叶脉是输送水分与养分的通道，也就是“维管束”。叶脉的形状主要分成平行叶脉与网状叶脉，玉米和狗尾草等单子叶植物的叶脉属于平行叶脉；玫瑰和凤仙花等双子叶植物的叶脉则属于网状叶脉。

平行叶脉	网状叶脉
叶脉从叶柄延伸到叶片，呈直线排列，在狗尾草、竹子、水稻等植物上可观察到。	主脉（中央脉）从中心往四方延伸出去，呈网状排列，在玫瑰花、凤仙花、蒲公英等植物上可观察到。

第二部 山里的豪华大餐

废校露营区
什么？
喧哗
喧哗
喧哗
没有食物？
咚
也不是完全没有，有大米和调料。
不过，其余的食物就要靠各位自己去找了。

这附近没有便利店！
我们下山一趟怎么样？
太远了吧？不太妥当！
嘈杂
就由你们两个出马去找吧！
别担心！用不着下山！
呵呵……
真的？

为了预防这种情况，我老早就在背包里塞满食物了！

等等！吃紧急粮食是违反规则的！
对吧，老师？

科学营
是没有规则的。
只要不影响别人，
饿肚子和吃紧急粮食
可以自由选择。
哈哈哈
什么？
嘿嘿！
好，一个小时之后
就是用餐时间，在那之前
请各位把食物准备好。
太不公平啦！
吵闹
吵闹
反对
我们另外
想办法吧！
砰
我们先休息吧！
哈哈
好！
嘻嘻
我们两个
一组。
是啊……
不自在
紧张
能够在
这种地方找到
食物的……
就只有
那个方法了！

嗨，各位！
拍肩
现在给我一条巧克力，下山之后我还你两条，怎么样？
绝不可能！
你做梦！
恼怒
小宇！
你有没有自尊心啊？
干吗？
放开我！
那你说该怎么办？我吃的早餐在爬山的时候就消化完了！
1 下山买。
遥远
市区
2 饿肚子。
咕噜噜
咕噜咕噜
3 吃草充饥。
咀嚼咀嚼
4 抛开自尊心。
下山再上山有可能只花一个小时吗？
还是你想吃树皮和草？
你真的想吃草吗？所以……
也对。
干瘪
草真的可以吃！

什么？
植物在食物链中，
是位于底层的生产者。
第三级消费者
第二级消费者
第一级消费者
生产者
食物链金字塔
而人类是杂食
性的，植物和
动物都吃。
草食性
肉食性
杂食性

你到底
在说什么
傻话啊！
哼！
所以叫我们
拔草吃吗？

是啊，其实我们本来就吃草，
像菠菜、萝卜都是草！

连你也被洗脑
了吗？菠菜和
萝卜是专门种
来吃的蔬菜！
嗯……
是吗？

书上说蔬菜和水果
都是植物，可不是
动物哟！
你误解我的
意思了！
顿住

别过来捣乱，走开！
你不是植物，也不是动物，是第三者！
驱赶
驱赶
干吗？
我们吃的蔬菜和水果，刚开始也是长在深山里的植物。
小米，高粱
这东西能吃吗？
种在一起方便多了
人类在栽培这些作物的过程中，将品种加以改良，动物也是一样的。
奔跑
站住！
养在一起真方便！
什么？

这些话代表，其实在这里……
也就是说……

这里也有免费的菠菜吗？
是啊！可以找到菠菜！
大力水手先生，好久不见。
这次你又要变身了吗？

真是够笨的！
能吃的植物并不是
只有菠菜！
说我笨？

那么，想必你很清楚
在这片大草地上有哪
些可以吃的植物了？
窸窣
哼！

我看看，深山里
可食用的植物……
在第 87 页！
还有这种书啊？
翻页

这里！你现在踩在
脚下的就是食物！
惊讶
我怎么会乱踩
食物呢？

这个……

是蒲公英！

蒲公英！
叶子和花可以炸着吃或做成凉拌菜，根可以煮成茶喝！
还可以包着东西吃。
炸蒲公英花
凉拌蒲公英
蒲公英叶
蒲公英茶
野地菜

蒲公英真的可以吃吗？哇，还介绍了其他可食用的植物呢！

找到可以吃的植物固然很好，
不过，我们找一些蛋白质类的食物怎么样？
走开！我对你还是心存芥蒂的！

好，深山里可见的蛋白质食物！啊，烤山猪肉！还可以烤蛇肉！还有……
烤山猪肉？

……
可以抓鱼！

不错哟！鱼可以烤着吃、煮着吃，还可以油炸着吃！
炸鱼和烤鱼……
离去 离去
再见
咕噜
咕噜噜
咕噜噜

我们去找维生素
和矿物质含量高的
植物吧！
吃太多肉会发胖，
而且对健康
也不好吧？
嗒嗒
哈哈哈
嗒嗒

嘿嘿
对了，
小心别吃坏肚子！
可不要吃到有毒的植物！
石化

什么意思啊？
有毒的植物，
他是开玩笑的吧？

不是开玩笑，
有些植物的确有毒。
古时候执行死刑时，
会利用植物提炼毒药。
毒药？
快喝下皇帝
赐的毒药！
惊讶

所以采摘
野菜时要戴手套，
吃之前一定要请
老师确认，
这样才安全。
抖抖
抖
只要不吃
下肚就行了。
吃了没
关系，
喃喃
喃喃
喃喃
不会误食……
很安全？

喂，朋友，
吓我
一跳！
你怎么突然
这样？
我全身
僵硬。
喃喃
喃喃
喃喃
喃喃
你们要去
哪儿？
书借我一下。
不要！
来日一定
好好报答。
不需要你
的报答！
抢
抢
抢
你们还有
其他的书啊！
我借你别的
书好了！
别理那些淘气包。
你希望我中
毒而死吗？
别说
傻话了！
你是
杀人犯！
你是强盗！
气愤
气愤
嗯……

蛇和青蛙应该很美味……
嗯

我们去找食物！
找什么好呢？

别找
植物了……
害怕
好啊！
好啊！
嘶嘶嘶
呱呱

有什么东西是我们
可以吃的呢……
嗯……

要新鲜、
香甜可口，而且
有营养的，
不要太难找，
最好够我们吃……
嗯
啊！

是啊！
就是那里！
刚才
经过的地方！

溪边有很多柳枝，
这样应该够吧？
嗯！
先去除枝上的叶子。
嗖嗖嗖
啪
接着用绳子
把柳枝穿起来。
直到变成
圆筒状后，把尾端
紧紧地绑起来，
将开口处整理成
漏斗的形状，
然后把柳枝的
尾端往内折
就完成了！

如果溪里的小鱼
顺着水流游过时，
进到这个玩意儿里就出
不来了，对吧？
是啊，设完这个
陷阱后，只要等
猎物上门即可。
我现在
就跟罗敏一起
找个地方……
沙沙

罗敏！
你先过来
帮我一下！
发飙
哼……
哼
哼

都是你，
妨碍我抓鱼！
你就干脆一点，
把书借给我！干吗
这么小气呢？
用力
用力
快点
放手！
不要！
借我！

你是不是存心
要让我们中毒，
然后赢得实验比赛
的胜利呢？
呃

说什么
傻话啊
……

如果
不是，
就把书
借给我！

战栗
沙沙
沙沙

是……
什么呢？
沙沙
沙沙
沙沙沙沙

刚才……
你看到了吗？
好像有
黑色的物体
经过……
会是乌鸦吗？

对，是乌鸦！
虽然有点像人影……
阴森
怎么会是人呢？
我们实验社的人
在这里，你们
的人在那里。

窸窣

我去找我们组的人！
哇啊啊啊
我也是！

各、各位！
我刚才看到不可思议的物体！
什么？你别再管书了，一起来抓鱼吧！
抖抖抖抖抖抖

空
对了！我的书！

你们在哪里啊？
呃啊
呼……
哼，结果书还是被拿走了，但愿那家伙能看得懂。

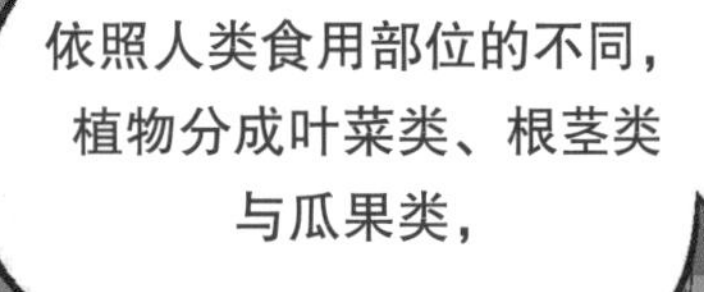

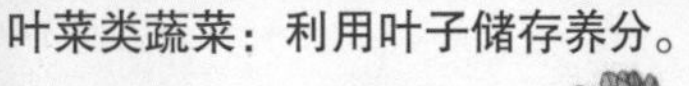
叶菜类蔬菜：利用叶子储存养分。

白菜 生菜 菠菜

根茎类蔬菜：利用根或茎储存养分。

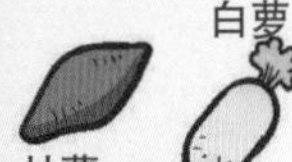

甘薯 白萝卜 胡萝卜 马铃薯 洋葱

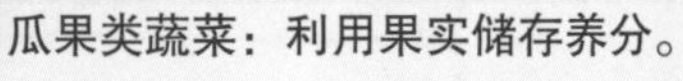
瓜果类蔬菜：利用果实储存养分。

苹果 梨子 辣椒 茄子 青椒

是叶菜类还是根茎类不重要，
反正如果有毒就都不能吃！
锵……
什么？
什么？

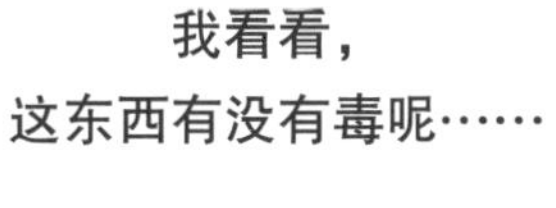
我看看，
这东西有没有毒呢……

这是我挖的野蒜，怎么可能会有毒？
与其吃了后悔，还是先搞清楚比较好！
抢
别吵了，
野蒜没有毒。

你应该是第一次来山里吧？
要我怎么相信你说的话？
被看穿了吗？
少爷命

你为什么觉得
植物会有毒呢？
想要报复吃掉
它的人吧？
因为……
翻找 翻找

植物之所以会有毒，
应该是为了保护自己吧？
因为植物没办法走动，
很难躲过昆虫的攻击。
没错。
抓痒
抓痒

有毒的生物，通常
会给敌人明确的警告。
像毒蛇和毒菇鲜艳的颜色
和纹路，就是在警告敌人。

颜色鲜艳的植物
就有毒啰？
抓痒
抓痒

先闻闻气味，通常可食用
的植物会散发诱人的香气，
有毒的植物则会散发
难闻的气味。
嗅嗅……

牛在吃草之前会先
闻一闻气味，也是这个原因。
闻起来
怎么样？
哞哞
嗅嗅
不太好，
我们别吃了！

你们看到被虫咬过的痕迹了吧？
如果虫吃了这种叶子没有死亡，这种叶子八成是没有毒的。
沙沙

好像没事。
我也要吃喔！

还有，把植物的茎折断后，流出来的液体接触到空气之后如果变成褐色，
到了第二天又变成黑色，就代表可能有毒，必须小心。

这些白屈菜就是常见的有毒植物。
把茎折断后，流出来的黄色液体颜色会渐渐变深。
流出来……
折
吓
哇！有毒的植物！
很多有毒的植物，同时也会被拿来当药材使用。
有毒植物竟然就在身边！
把流出来的汁抹在被蚊虫咬到的地方……
沙沙
停顿
哇啊！
涂
有消肿的功效。

有毒的植物通常味道苦涩，而人类的舌头会对苦涩的味道产生排斥。
丢
你这家伙……想把我毒死。
阴沉
涂抹
涂抹
涂抹
嗯？真的消肿了！
哇
我们在吃这些植物之前，会再问问老师的。
看来饿肚子的概率会比吃到有毒植物的概率还高呢！
是啊，所有事情还是小心一点比较好。
呵呵呵
我来找找看有没有美味可口的植物吧！
抓到了！

啪啪
啪啪
挺多的嘛！
每个人可以吃两三条呢！
啪啪
啪啪
啪啪啪
哇
满足
只能吃到两三条鱼吗？我们每个人可以分到一大碗菜呢！
一看就知道是毒蘑菇……
惊讶
喂！看来我的书帮大忙了哟？
嗒嗒嗒

够你们填饱肚子吗？
当然够！
……
嗯……
好了吗？
还没……
抖抖 抖抖
再上来一点点……

再来……
啊！
脚滑
呃啊！
哐当

米娜，你没事吧？
好痛
呃……
我没事，
而且……
你看！
拿
哇啊！
哇！
成功了！
嘿嘿……

这些应该够了吧?

嗯!
够我们吃了!
嘿嘿嘿嘿嘿
我们
回去吧!

虽然有点远,
不过运气不错。
嗒嗒 嗒嗒
我们刚才
同时看到这些
山葡萄呢!
嗒嗒

我们两个可以采这么多,
挺厉害的!

吱嘎
好想快点
吃掉。
吱嘎
我也
是。

快到了,
我看到营地了。

嗯，
真的呢！
那是谁……
沙沙沙……
好像有人进
教室了，这不是
违规吗？
是啊！
咯咯
咯咯
我们实验社的人
在那里。
我们学校的人
也在那里……
吵闹
吵闹
那可能
是太阳小学
的同学吧……

太阳小学！
你们为什么在操场？
激动
吓一跳
我们
怎么啦？

害怕
所有的学生
都在操场。
两位老师
也都在这里！

抖抖抖
悚然！
抖抖
咔咔咔咔咔
那么是谁
在教室里呢？

好，
大家好像都到齐了，
惊吓中
大家各自
在帐篷前生火，
准备煮饭了。
木柴在
这里。

我们一起吧！
好。
先准备
把火生起来。
首先地面必须是干燥的，
接着把 3 米内的易燃物
移开。
这里不错！
易燃物品
3m
把木柴层层叠起来，
确认中间是否有足够的
缝隙让空气进去，
中间可以塞入较容易起火的小树枝、
树叶和松果，最后把剩下的木柴
竖着堆放就大功告成了。
不要堆得太高。
你也来
帮忙。
把木柴的皮削成羽毛状，
这样会因为接触空气面积变大
而更容易点燃。
早知道就
带露营用的
煤气炉过
来了。
你怎么
不把家当都
搬过来？

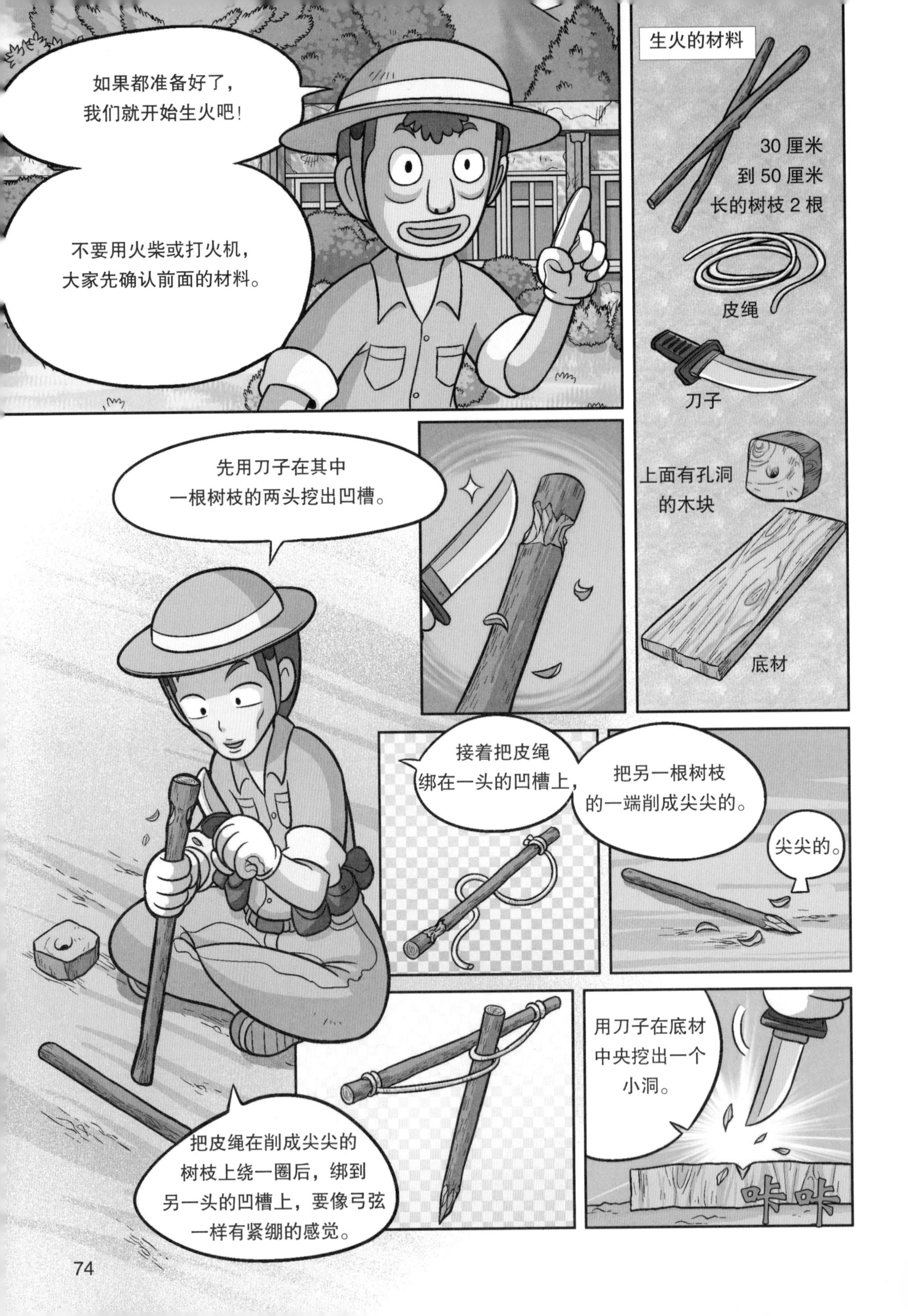
如果都准备好了，
我们就开始生火吧！
不要用火柴或打火机，
大家先确认前面的材料。
生火的材料
30 厘米
到 50 厘米
长的树枝 2 根
皮绳
刀子
上面有孔洞
的木块
底材
先用刀子在其中
一根树枝的两头挖出凹槽。
接着把皮绳
绑在一头的凹槽上，
把另一根树枝
的一端削成尖尖的。
尖尖的。
把皮绳在削成尖尖的
树枝上绕一圈后，绑到
另一头的凹槽上，要像弓弦
一样有紧绷的感觉。
用刀子在底材
中央挖出一个
小洞。
咔咔

把干树叶放进底材的小洞里，
事前准备就算完成了！
将树枝插入放满干树叶的底材小洞中，再用挖好孔洞的木块把树枝固定住。
干树叶
准备完成后就可以开始……
拿
把弓形树枝不断地往左右拉扯，直到干树叶产生火花。
好！交给我来做！
拍
行动队长三人帮
木板动来动去的！
咔
咔
咔嚓
呃啊！
不太行呀！
咔
咔嚓
咔
咔嚓
咔
咔
咔
咔嚓

嘶
嘶
嘶嘶嘶
看到火花了！
是火！真正的火！
哇！火生起来了！
我们也是！
轰轰轰
好，赶快把火苗移到堆放的木柴里，之后就可以开始煮饭了。
好！
啪
哇
噼啪

呼
呼
哇，外皮脆脆的，味道好香哟！
吵闹
我们做的野菜饭团也超好吃！
野菜竟然如此美味呢！
嘈杂
嘈杂
第一次吃山葡萄沙拉。
嗯！比一般的葡萄还要甜！
吵闹
……
……
咬咬
咬咬咬
咔咔

我好像越吃越饿……
振作一点！
我们摄取的热量
已经足够了！
你也尝尝
我们做的。
这些
山葡萄一起
分着吃吧！
心怡，这是
我们做的！
哇
一团和气
咕噜噜
我们摘了很多，
你们吃一点吧！
什么话！
你以为我们
是乞丐吗？
我们不需要你的食物，
快给我走开……
喂，你们几个！
别吃了！
狼吞虎咽
大口

吃饱之后就要举行
实验猜谜接力赛了，
请大家先做好
心理准备。
好！
吃饱喝足就
有力气了！
哈哈哈哈
呵呵
呵
噗
哈啊

嗖嗖嗖嗖嗖
呵！
……

改变世界的科学家——英格豪斯

英格豪斯（Jan Ingenhousz）是荷兰的医生、生物学家。他发现光是植物进行呼吸时的必备要素之一，为研究植物的光合作用奠定了重要的基础。在18世纪以前，人们认为植物所需的所有养分都来自土壤。直到进入18世纪，科学家们进行了许多实验，想了解除了土壤以外，水和空气对植物的生长是不是也有帮助，后来证实水和空气的确是植物成长的要素。1771年，英国化学家约瑟夫·普利斯特列发现蜡烛在密闭容器里会很快熄灭。接着他又在密闭容器里放入一只老鼠，发现老鼠也在短时间内窒息昏迷。但是当他在容器内放进植物时，他发现原本昏迷的老鼠竟然又醒了过来。对此他下了结论，那就是植物有净化脏空气的能力。以上所说的脏空气和干净的空气，在日后被证实就是二氧化碳和氧气。

英格豪斯（1730—1799）

发现阳光是植物在制造氧气时的必备条件，对后来光合作用的研究有很大的贡献。

英格豪斯针对普利斯特列的实验又改变了实验条件，他在两个玻璃瓶内分别装入绿色植物和老鼠，将其中一个玻璃瓶放在阳光照射得到的地方，另一个则放在阳光照射不到的地方。实验结果表明，老鼠在有阳光照射的玻璃瓶内活了下来，证实阳光能够产生让生物维持生命的气体（氧气），也得知如果植物照射不到阳光，就只会排出二氧化碳的事实，而这两种作用正是光合作用与呼吸作用。英格豪斯的研究在日后成为揭开光合作用秘密的重要线索。

白天接收阳光的能量，同时进行光合作用与呼吸作用。

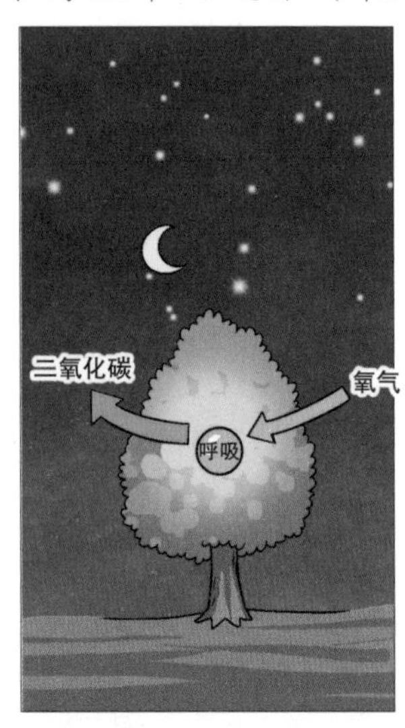

没有阳光的夜晚，只会进行呼吸作用。

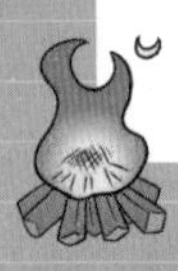

博士的实验室1

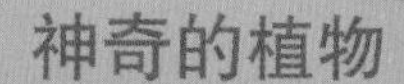
神奇的植物

现在要对全世界最受欢迎的稀有植物进行票选活动！
世上最受欢迎稀有植物票选活动
锵锵

1号参赛者——莴氏普亚凤梨！
咚
这种植物的花序可以长到近10米，100年才会开一次花……
据说在开完花后的数个月内便会死亡。
竟然舍命开花，实在太热情了。
哭泣

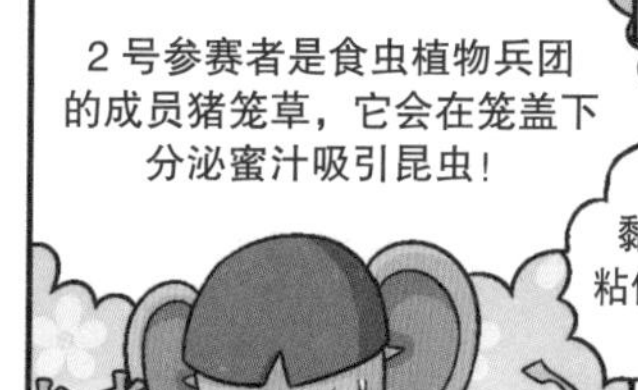
2号参赛者是食虫植物兵团的成员猪笼草，它会在笼盖下分泌蜜汁吸引昆虫！
当当
当当
还有叶子上的腺毛会分泌黏液，把昆虫粘住的毛毡苔！
还有捕蝇草，如果昆虫闯进它的叶子里，就会触动感觉毛，
这时捕蝇草就会快速把两边长得像刺的叶子合起来，然后把昆虫吃掉！
黏液
黏液
合

最后一位参赛者真是令人期待呢！
愉快

因为会发出恶臭，被称为“死花”的巨花魔芋。
气味到底有多臭……
咚咚
顿住

呃，气味超臭！
臭气冲天
嗯嗯
嗖

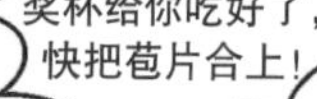
奖杯给你吃好了，快把苞片合上！

第三部

实验猜谜接力大赛

坐立不安
还没轮到我吗？
还没吗？
淡定
哈哈！
轻松
罗心怡，加油！
我们一定赢！
吵死了！
吓我一跳！
胜利之鸽！
啪啪啪
快点！
快点！
心怡，要沉着应对！
发射！
嗯……
啊……
认真
嗯！

我干吗
进学校?
什么?
学校?
那会是谁呢?
没错啊，真的是人影……
不是你吗?
是啊，
我也看到了。
毛骨悚然……
我们看到黑色人影
在森林中窜动!
难道跟我们
看到的一样?
没错!我们
也看到了!
黑色的
人影!
哇!
咚咚
哇

是你们吗？
表面上说是在休息，其实是潜入各小队打探敌情，对不对？
什么？打探敌情？
擦

我们几乎都跟在老师身边！
是啊！看到鬼就看到鬼，干吗诬赖我们？

战栗
哇啊
看到鬼？
我刚才说到鬼了吗？

呜呜
呃啊，真的是鬼！我们身边怎么会出现鬼呢？
有什么好奇怪的？鬼现身的理由很明显！
指

难道是要我们替它伸冤吗？
呜呜呼呼

没错！它死的时候一定还只是个学生，一个人孤零零的！
它一直守着废校，等着有缘人带它去天国。
倒下
谁要做我的朋友？
喃喃自语
好无聊，好孤单！
哇！
哇啊啊
许大弘，你当它的朋友好了。
我不要！
你想当我的朋友吗？
哦呵呵呵
别再说了！
标榜凡事以科学为依据的实验班学生，竟然聚在一起谈鬼，你们不觉得丢脸吗？
嗯……
转
士元，这世上没有鬼吧？是吧？
转
猜谜比赛的场地在那里。
拜托你跟我说没有啦！

你们明明也很怕，
干吗不相信！
如果你和
我们一样亲眼
见到，大概
会吓晕吧？
呃啊！
我不
想听！
嗒嗒
嗒嗒
嗒嗒
嗒嗒嗒

如果你们见到的真的是鬼，
在科学上就会有证据。
沙沙

在真相水落石出以前
就乱了阵脚，
是很不科学的举动。
呵

那到底是有鬼
还是没有鬼啊？
不知道。
什么
意思呢？
就是
啊！

艾力克
那家伙平常对你们
也是那么傲慢吗？
碎碎念
碎碎念
接耳
交头
江士元才是傲慢大王，
艾力克只是有点内向。
我才不想
模仿他们呢！
我也来学他们
的样子好了！

你现在才知道啊？
我们
还蛮谈得来的！
哇哈哈
两个
笨蛋！
撞撞
撞撞
撞撞

嗒嗒
嗒嗒
就是这里！

咚
这里就是
猜谜大赛的场地。

喧哗
喧哗
喧哗
哇啊……
喧哗
喧哗

先把位子……
这里是我的！
踩踏
正中央
是我们的位子！
哇哈哈哈

你又乱插队了吗？
你自己
也很想先占
好位子吧？
呼
我们
要在这边！
在哪里
都没差别吧？
嗒嗒嗒
每队的四个队员
都站在箱子的前面，前后顺序
由各队自己决定。
商量一下
吧！
你要第
几号？
我
要一号。
不行！
你们自己选
位子吧，不过
以防万一
……
我站在
垫底的位子
好了。
最后的
位子很
重要。
可能会出现
突发状况！
让我来
吧！
哈哈哈

就当作是决赛前的练习吧！
嘿嘿嘿嘿
最前面……应该蛮有压力的吧。
你是最不可靠的。
交给我吧！
我们一定要赢！
咦？
我这个天才为什么是第三个？
4
3

我要发答题卷了，请排在第一位的同学来前面。

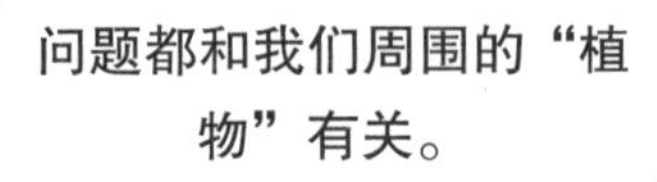

由第一位同学开始确认箱子里的东西，

把答案写在答题卷上后传给下一位，最后一位同学收集所有的答题卷后拿到前面来，先做完题目的队伍获胜。

箱子里有什么呢？

啊！

退缩

沙沙

快点！
快点！
拿

根
叶
花
茎
咚
问题1：请把培养皿里植物的四种器官分成两大类。
答案：
翻

叶、根、茎、花……
把这四种器官分
成两大类？
沙沙

这么说来……
拿
这些并不是来自
同一种植物啰？

这么说来，
有两种植物啰？
不管我怎么
组合，都看不出哪
两种器官是属于
同一棵植物的。

说不定全部属于
不同的植物。
还是……
啊！
怦怦
这个？

那么……
依照叶子的纹路来看，倒是可以分成两种。
平行叶脉
网状叶脉
叶脉是呈平行分布，所以是平行叶脉！
这是主根吧？
主根
网状叶脉
双子叶植物
双子叶植物有主根，还有网状叶脉……
单子叶植物
没错，就是这样！有须根以及平行叶脉的是单子叶植物！
平行叶脉

拿
那么，就是分成双子叶植物与单子叶植物啰？
这个茎……
沙沙
确认一下吧！
啪

咚

果然……
是分成双子叶植物与单子叶植物！
单子叶植物茎里的维管束是不规则地散布。
而这根茎的维管束则是非常有规则地排列在形成层上，所以是双子叶植物！
双子叶植物的茎
维管束
形成层
维管束非常有规则地排列在形成层。
单子叶植物的茎
维管束
维管束不规则地散布。

最后，
这朵花……
沙
沙

单子叶植物的花瓣是 3 的倍数，双子叶植物的花瓣是 4 或 5 的倍数……
只要数花瓣数就能知道了！
一、二、三、四！
这是双子叶植物的花！

四种器官可以分成两大种类！
根
茎
花
双子叶植物
叶子
单子叶植物
问题 1：请把培
植物的四种器官分成
两大类。
答案：
花、茎、根是双子叶植物，叶子是单子叶植物
起身
沙沙
沙沙

心怡，快点……
快一点！
嗒嗒嗒
加油
啊！
坐立不安

给你！
嗯！
开
咚……
问题2：观察将装有淀粉溶液的透析袋放进碘液里所产生的现象，并写下也会产生同样现象的植物器官。
答案：
这个……在实验里可以见到的现象，同样也可以从植物身上看到？

装有淀粉溶液的透析袋……
软趴趴
软趴趴

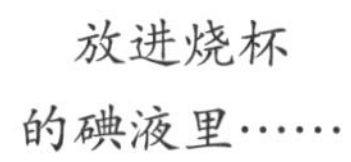
放进烧杯
的碘液里……

沙

嗯
然后进行观察。

瞪
可是……
透析袋长得好像
普通塑胶袋。
透析袋有什么
特别呢？
老师！

什么是
透析袋呢？
啊！

透析袋是用一种有
半透膜功能的材料
制成的。
半透膜
半透膜是一种膜，
小分子可以自由穿透进出，
大分子则会被挡住。

虽然表面上看是无法穿透的
塑胶层，但膜上有极微细的通道，
可以让粒子通过。
知道了！
沙沙
沙沙
吓！

好了！
起身
2
实验结果
还没出来
吧！
犯规！
我无法接受！
呼！你们这些
毛头小子当然想不到。
嘿嘿嘿嘿
多用点头脑。
收缩
不能太过焦虑，
要集中精神！
如果透析袋里的淀粉
遇到碘化钾溶液……
收缩
好，我也来
用点头脑！

注 [1]：请参考《科学实验王①酸碱中和》

噢，挺厉害的嘛！
我就说嘛！
咚……
呃啊！

怒吼中
快一点！
答不出来就
先跳过吧！
咚咚咚
集中精神，
集中！

翻开
重点应该不是
淀粉的反应！
植物进行光合作用后
会产生养分葡萄糖，
聚集起来成为淀粉……
淀粉
养分会运送到植物的
所有器官，没办法随便
猜一个特定器官。
唰啦啦啦
二氧化碳
茎
阳光
氧气＋葡萄糖
淀粉
氧气
叶子
根
而且……
怦怦！
这两个溶液并没有
完全混合，只有一边
扮演吸收的角色！
吸收？

咚
对了！想起之前送给
小倩的变色玫瑰！
呃
那时好幸福
……
利用植物的根会吸收
土壤中水分的原理，
把白玫瑰的茎
分成两支，各自浸泡
在不同颜色的食用
色素里，
吸收色素
的白玫瑰就会
变成两种颜色！
把玫瑰的根整个泡在容器里时，
颜色是没有变化的。
那表示玫瑰根上的膜作用
跟透析袋一样啰？
水和养分
土
根
透析袋
碘化钾
淀粉
虽然植物身上的
所有器官都可以
吸收水分，
沙沙
沙沙
沙沙
但能够分隔养分
与水的器官只有……

呵呵呵
照
一听到半透膜我就知道答案了，植物的根部在吸收水分时即为渗透现象，就是利用半透膜的性质。
植物身上的每一个器官都有其代表性现象，茎有毛细现象，叶子则有光合作用、呼吸与蒸腾作用，根则是渗透现象！
根
光合作用
利用阳光制造养分。
叶子
蒸腾作用
把水输送到叶子，要进行温度调节时，就把水分往外排出。
呼吸作用
为了得到能量而进行呼吸。
茎
毛细现象
把根部吸收进来的水送到各个角落。
渗透现象是指水分子经半透膜的通道，从水分多（低浓度）的区域，移动到水分少（高浓度）的区域。
幸好有根部的渗透现象，吸收水分的时候才能把泥土和杂质滤掉。
根
渗透现象
水分子因为浓度差异而移动的现象。
答案：
根
答案：
根
沙沙
沙沙
咚

来晚了，抱歉。
嗯哈哈哈
啪
好！接下来
就交给天才吧！

这两个人表情看起来很为难，
看来题目不简单哟！
嗯
搔头
左顾右盼
搔头
左顾右盼

开

问题 3：参考问题 2
的解答，挑出正确的
蔬菜。
答案：
问题 2？
嗯

问题 2 的答案是什么呢？
翻找

根？
答案：
嗯
啊，就是要我从里面挑出是根的蔬菜嘛！

问题这么简单，有必要那么苦恼吗？
种在泥土里的都是根。

够简单！

答案：

全部都是

锵

呼飒飒飒飒
突然有一股寒气……
我之前明明告诉过你，埋在泥土里的不一定都是根！
哐哐哐哐哐
4
噢！对哟！
吓！

刚才你们都在场吧？
噗哈哈哈
呼呜
马铃薯是把养分储存在茎部的蔬菜，
百合也是储存在茎部！
啪
啪
所以甘薯才是把养分储存在根部！
这是正确答案吗？说得那么大声……
沙沙
3
看起来好像是真的……
哼
来！
我们是第一名！
追
笨蛋……
竟然高调地把答案说出来？

我是看你们
担心得像快死掉一样，
才告诉你们答案的！
你们就
不必多礼了！
……
……
我真是慈悲为怀的

微笑
开

空

箱子里怎么是空的？
问题是什么呢……
翻页

咚
吓！

干吗？
搭

嗯？
嗯？
背

啊！
扶

喂喂喂
你是不是发疯了！
放开我！
先闭嘴，
看看这个。

咚咚
问题 4
本项目为体力测试，
请背着 3 号同学跑到
终点线。
答案：

哩呀
第一名
是我们的！
跑啊，
跑啊！
你给我
安静点。
小心点。
对不起。
哎呀，
没办法！
背起
抖抖抖抖抖抖

嗒嗒嗒嗒
啊！
嗒
嗒
嗒

你是在爬吗？
步伐给我迈大一点！
快一点！
快一点！

我叫你
安静一点！
喘
喘
喘
冷静，别破坏
形象！形象！

快被
超越了！
嗒
嗒
嗒
嗒嗒
嗒
嗒嗒嗒

艾力克加油！
士元，加油！
就快到了！
许大弘
人在哪里呢？

沉重
轻盈
他们好像
比较有优势。

光靠他恐怕无法获胜，
还是得由我出面！
斗志！
我范小宇！
嗒嗒嗒嗒

啪
踏
我要走了！
吓
啊！
士元！
第一名！
嗖呜呜呜呜
啪

扑
咚咚

你没事吧？
到底在干吗？
呆

起身

第一名是
大星小学实验班！
哇
哦
现在还不晚，
快来背我！
泥泞
走开。
呼……
呼
泥泞

拿第二名也好……
青筋青筋
踏

第二名是
太阳小学
实验班！
泥泞
喘
喘
辛苦了。
喘
喘

哈哈哈
第三名……
是黎明小学实验班。
哇哈哈哈
就这样吧……
咯咯咯咯
泥泞
把照片上传到微博。
好想干脆变成化石。
小宇，你就当作是敷免费的泥巴面膜吧！
泥泞
笨蛋！
皮肤的保湿也做得太过头啰！
咔嚓
脏兮兮

生活中常见的植物

植物是生命的主要形态之一，包含了乔木、灌木、藤类、草本、蕨类、地衣等种类，现存大约45万个物种。大部分植物可以进行光合作用，制造出来的氧气是大部分生物维持生命所必需的。光合作用甚至改变了早期地球大气的组成，使得现在大气中拥有21%的氧气。植物在生态系中属于生产者，草食性的动物把植物当成主要的食物来源，杂食性的动物也一样离不开植物。人类更进一步地利用植物，开发出以下几种应用：

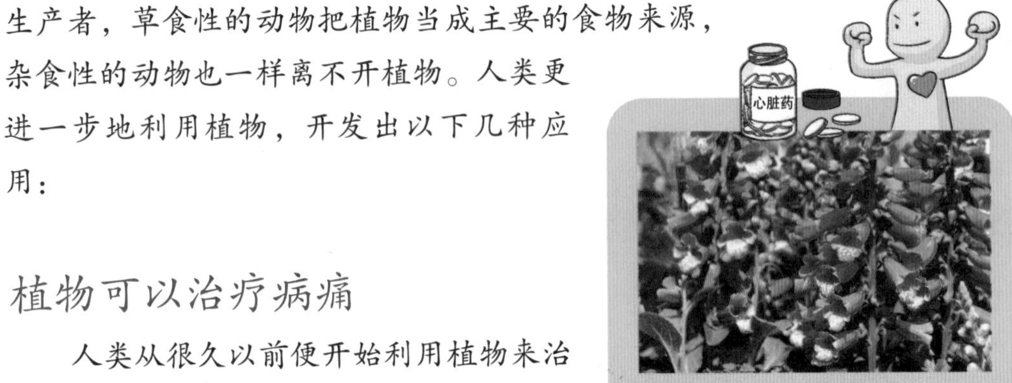

洋地黄
从叶子里提取出来的洋地黄素，可以治疗心脏病。

植物可以治疗病痛

人类从很久以前便开始利用植物来治疗病痛。洋地黄对心脏病有疗效，所以被用来制成强心剂。柳树的树皮可制造阿司匹林，因此被提炼做成退烧以及减轻发炎症状的药物。中国历史上有名的医学书《本草纲目》，就记载了各式各样的中草药的形态特点、药效等。

棉花
棉花的果实蒴果成熟时，会裂开成好几瓣，并露出白色的棉絮。

植物纤维做成布料

植物从很久以前就被拿来做成布料，最具代表性的植物有棉花、亚麻等。其中，棉花因为不会刺激皮肤而且容易吸水，所以从公元前3000年的印度河流域文明开始，就被抽取纤维拿来做成棉布，也被应用在家饰寝具布料上。从亚麻茎部抽取出来的亚麻纤维，因为透气性好，经常被用来制成凉爽舒适的夏季衣物。

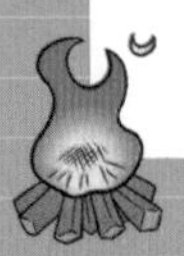

多功能的天然橡胶

不管是包覆电线的绝缘护套、汽车的轮胎，还是口香糖，都是利用橡胶做成的。橡胶的弹性极佳，用力拉扯就会变长，松手就会立刻恢复原状，这种特性被广泛地应用在各种机械零件上。现在科技越来越发达，人类陆续发明了许多像天然橡胶一样具有高弹性与高韧度的合成橡胶。

橡胶 天然橡胶是从橡胶树中萃取制成的。

植物纤维做成纸张

制作书本与笔记本所使用的纸张，也是利用植物做成的。古埃及人发明的莎草纸，是由一种名为纸莎草的植物的茎部编织而成的。公元105年时，中国的蔡伦把桑树皮和亚麻充分混合后打成纸浆，将纸浆压平并晒干，发明了最早的纸。到了18世纪，欧洲人正式着手研究利用树木做成纸，开始在大型的造纸工厂内生产纸。今天书本随处可见，而且我们随时随地都可以在纸上写字，这样的便利全都是植物的功劳。

造纸的过程

1. 伐木 把造纸所需的树木砍下来。

2. 干燥 削掉树皮后，放置一段时间风干。

3. 碎木 把木材放进粉碎机里绞碎，并搅成糊。

4. 做成木浆 将上述步骤做成的糊加以化学处理，让木浆纤维软化。

5. 做成纸 木浆经过抄纸、干燥、上胶与压光的过程后，变成纸。

6. 各式产品 纸可以做成书本等五花八门的产品。

第四部

黑影的真面目

沙沙沙沙沙沙
哇啊！

沙沙沙沙

第一名的奖品是什么呢？
我们得到的是指南针。
我们是望远镜。
大型地图……第三名的奖品不赖嘛！我们现在的位置是这里吗？
嗯，嗯。

咦？
没有信号。

同学！
嗯？

今天的主角到哪里去了？从刚才就不见人影，我嘴巴开始痒了，很想去闹闹他。
哈哈哈
出来吧！变成化石的超人！
他呀……

沙沙沙沙……
因为太丢脸，所以躲起来了……
嗒嗒嗒嗒
不会吧……

泥泞泥泞
还是跑去洗脸呢？
我好想洗脸。
嘻嘻
噗！

……
如果想洗干净，要花上不少时间。
没错，没错。
沙沙
咯咯
起雾了！
咯咯
咯咯
沙沙沙沙

注[1]：正确成语应为“塞翁失马”。

奇怪？
刚才是什么声音？
又没有起风……
可能是兔子吧……

啪沙

转
是谁？
谁！

沙沙沙沙
目瞪口呆

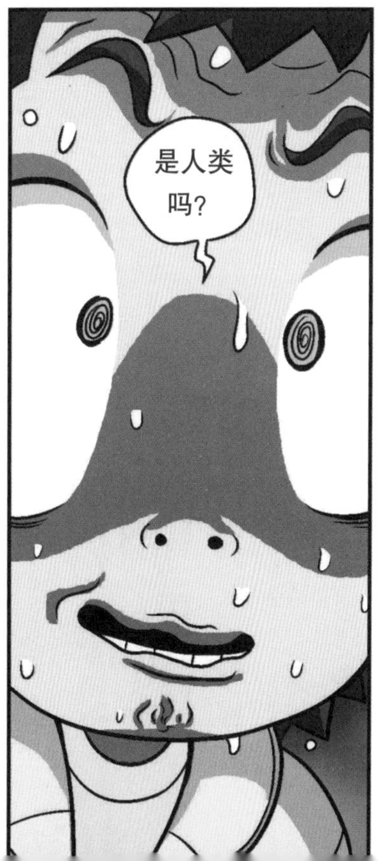
是人类吗？

何聪明？
别闹了！
沙沙沙沙
怦怦
怦怦怦怦
怦怦

抖抖抖抖
难道是鬼？
鬼？
我刚才
说鬼了吗？
难道是要我们
替它伸冤吗？
怦怦
怦怦
为什么出现
在我面前？
怦怦
范小宇，
你要冷静。
沙沙沙沙
别靠近我！
抖抖
抖抖抖
我……我一点
也不怕你！

你会变身吗?
呼呜……

哗啊啊啊
哇啊!

妈啊
救……救命啊！
我不好吃，
而且性格很差，
转
我是个
很无聊的人！
嗒嗒嗒
猛然
嘟嘟嘟
嘟嘟嘟
起鸡皮疙瘩
的声音
范小宇！

你竟然知道
我的名字？
放手！
啪
你以为
我会听你的吗？

我忍不住了！
你可别敬酒不
吃吃罚酒！

我可是要……

出招了！
是我……

跟我
较量一场！
咦？
艾力克？
咚

你是来
救我的吗？
顿住
嗒嗒
嗒
等等！

难道……

是你在
装神弄鬼？
挥拳
挥拳
并不是。

来吧，你这冒牌的鬼！
轰轰
轰轰
轰轰
不是我！

你冷静下来……

你以为
我会上当吗？
别靠近我！
嘿
啪
飞踢
天啊！

小宇！
你们来啦！
怎么了？
嗒嗒
刚才是你
在尖叫吗？
转
嗒嗒嗒

呜呜，人家刚才看到鬼了！
你们知道那种阴魂不散
的鬼吧？
还是一只体形
很大的黑鬼！
哈哈
真的？
挥来
挥去

长什么样子呢？
嗯
若要说详细一点，

就是体形大得
吓人的黑影。
哗哗哗
可怕
它身后的
光圈真够
可怕的！
沙沙
沙沙沙

是不是七彩颜色，
看起来圆圆的呢？

对！头部的
周围有像彩虹
一样的光彩……

你是怎么
知道的？
你也看见过鬼吗？
那个不是鬼……
吞口水

是“布罗肯幽灵”。
什么？
他说话的语气
果然是艾力克。

布罗肯幽灵？
不是鬼而是幽灵？
嗯

在起雾的深山的早上
或傍晚可以看见，
是太阳光经过人身体
边缘后，碰上雾气里的
小水滴时，所产生的
一种大气光学现象。
影子之所以看起来
特别大，是因为这时
太阳的仰角低，影子
会被拉长。
刚才的
是我的影子吗？
沙沙沙沙

是啊，在德国的布罗肯山，
常有此现象发生。
别靠近
我！
摇晃
呃啊啊
逼近
逼近
当时有许多登山者因为
被这种现象吓到而失足，
所以被称为“布罗肯幽灵”。
啊……

那么……
截至目前，我们所看到的……
全都是大气的光学现象吗？
不是。
有些你们看到的，既不是光学现象也不是鬼，
咚
人？
而是真正的人！

是跟我们一起来
科学营的实验班同学!
骚动
骚动
什么?

啪沙沙
呃
啊

踏
咚
真有你的。
艾力克!
啊，是你?
他是……

田在远？

……
呼

竟然在营队里单独行动！你这明显是违反规定！
指
点头

规则只适用于营队的参加者吧？
你应该知道我们学校并没有参加科学营，所以我在决赛之前都可以自由活动，你说的规则根本就管不到我。
但、但是！
推推
手足无措

我之所以会现身，
主要是想对发现我的艾力克表示佩服。

是啊，原来艾力克早就察觉到了。
他是怎么知道的呢？

我不是猜的，
而是根据线索推理出来的。

质问
先别管是猜的还是推理的，
先说你是怎么知道的！
是啊！

白天你们说看到不明物体时，我发现草地上有压痕，
还有被水弄湿的竹节和炭粒。
有吗？
是啊！

第一，草地上的压痕是有人久坐在此处的最好证据。
从压痕的面积来看，正好是小学生坐下来的空间大小！
第二，现场遗留有被水弄湿的炭粒和竹节，可以推测当事人为了喝水，而利用炭净化溪水。
如果是当地人，家里一定会有固定的饮用水水源。
当地人
哗啦啦
溪水净化后就可以喝了
淅沥沥
外地人
用炭来净化溪水的，肯定是在此地做短暂停留的外地人。
呆……
哇
原来如此！

最后，就是利用
学校当落脚处！
反正大家都在，
应该可以在这
里落脚。
这件事情表示此人了解
营队的可能性非常大！
溪水净化后就可以
喝了。
综合以上种种证据，
年纪跟我们相仿，
并且很了解营队，还知道
利用炭来净化溪水，
那就是参加过大赛
却没有露脸的队伍！
大家想想，是有这样
的一个队伍吧？
指
未来小学！
咚
噢噢
好厉害！

其实我
本来不想揭穿的，
但看到大家
渐渐陷入恐慌……
是我太大意了。

如果吓到你，我道歉。
低头

猛然

怎么可以
乱摸别人……
没关系！

原来你很想
参加科学营！
为什么你们
的人不肯帮忙
呢？
别担心！
你可以来住我们
的帐篷！我还可以
借给你内裤！
我们靠得太近了！
呃！

沙沙沙沙沙
你可能误会了。
喷喷

误会?
我不是来参加露营的。
扇
扇
我之所以
会来这里……
是为了在实验大赛
赢得胜利。

什么?

实验大赛……

赢得胜利?
青筋
你说了
算吗?

进入决赛的各个实验社，
彼此的实力都很相近。
摇晃
从现在起，
集中力是最重要的！
一不小心就会搞砸。
呵呵呵呵
只有在对手
动摇的瞬间，
把握时机，
才能获得胜利！
哐当
握拳
所以我必须先了解敌情。

你真坏！
换句话说，
你是来刺探我们的
弱点的吗？
暴怒
点头
对于这点，
我无话可说。

如果是那样，
你大可以参加
科学营啊，
干吗来这里
活受罪？
推眼镜
对于这点，
我有话要说。

“一起”是个很危险的词语。
跟别人在一起，会很容易被别人同化而失去自我。
因为要让步、牺牲，还要迎合别人的节奏，于是便改变了自己。
啊
啊
啊
飒
喂，朋友，
我全身僵硬。
吓我一跳！你怎么突然这样？
一旦达成一致，
就会失去判断力而想依赖对方。
像这样因为对方而动摇是很头痛的！
嗯！够我们吃了！
我们回去吧！
虽然有点远，不过运气不错。
我们刚才同时看到这些山葡萄呢！
一起吃山葡萄吧！
心怡，这是你的！
现在我们是想把对方撂倒的劲敌才对！
什么？
劲敌？
呼呜呜呜呜

不要乱说！
我们都是喜欢
做实验的人！
友情的手势
没错！
我也是这么想！
举！
点头 点头

有些人的想法
确实是跟你们
一样的……
沙沙

但是赞同我的
也一定大有人在。
对吧？
艾力克？
推眼镜
呼
艾力克？
当然，
江士元也一样。
江士元也是？

什么嘛，
来参加露营的目的竟然
是为了打倒对方？
呃

我们到现在
还被蒙在鼓里……

把实验大赛
忘得一干二净，
快快乐乐地享受
露营……
没错！我几乎忘记
来参加露营的目的了！
每个人都是
我的劲敌！
咯咯咯咯

植物茎部的剖面图

实验报告	
实验主题	观察玫瑰与百合茎部的剖面，认识双子叶植物与单子叶植物的茎部有何不同。
准备物品	❶ 显微镜 ❷ 蒸馏水 ❸ 红墨水或食用色素 ❹ 锥形瓶 ❺ 滴管 ❻ 镊子 ❼ 剃须刀片 ❽ 载玻片 2 片 ❾ 盖玻片 2 片 ❿ 玫瑰茎（或其他双子叶植物的茎）⓫ 百合茎（或其他单子叶植物的茎）⓬ 亚克力板 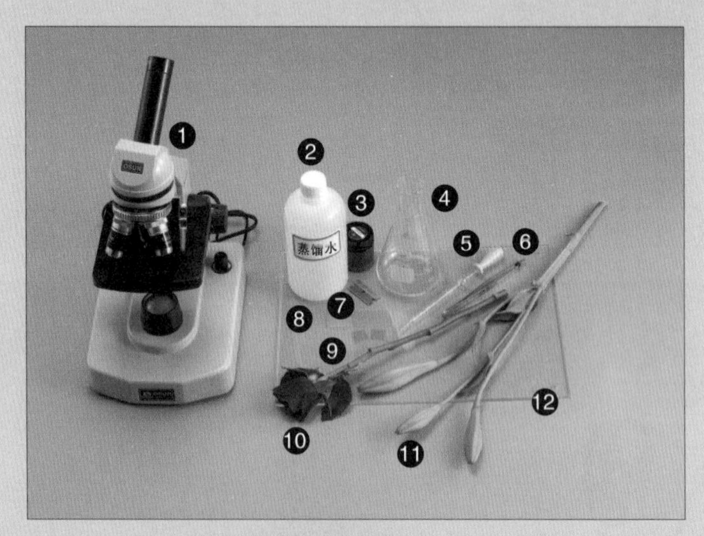
实验预期	观察双子叶植物玫瑰与单子叶植物百合的茎部剖面构造有何不同。
注意事项	❶ 使用剃须刀片时，请注意安全。 ❷ 盖上盖玻片时，请由一边慢慢盖上，这样才不会产生气泡。

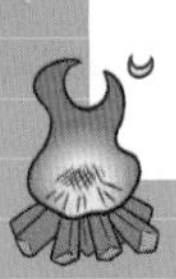

实验方法

❶ 将玫瑰和百合的茎插入加了红墨水或食用色素的水中，浸泡 3 个小时。

❷ 利用剃须刀片将染色的玫瑰和百合茎部切片。

❸ 将茎部的切片分别放在不同的载玻片上，用滴管各滴上一滴蒸馏水。

❹ 利用镊子小心地把盖玻片盖上，切片标本即大功告成。

❺ 先后将两种茎部切片标本放到显微镜下进行观察。

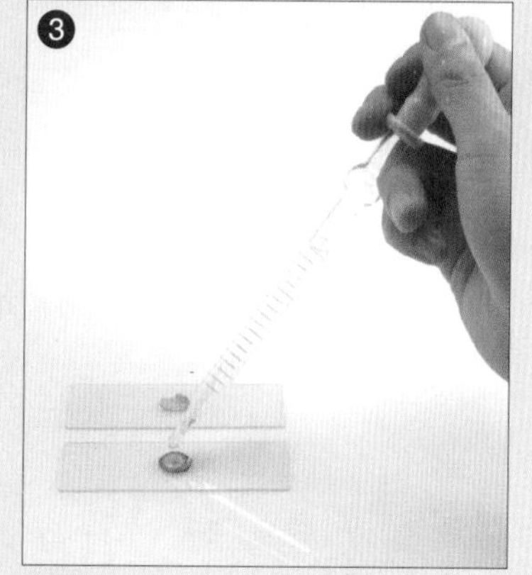

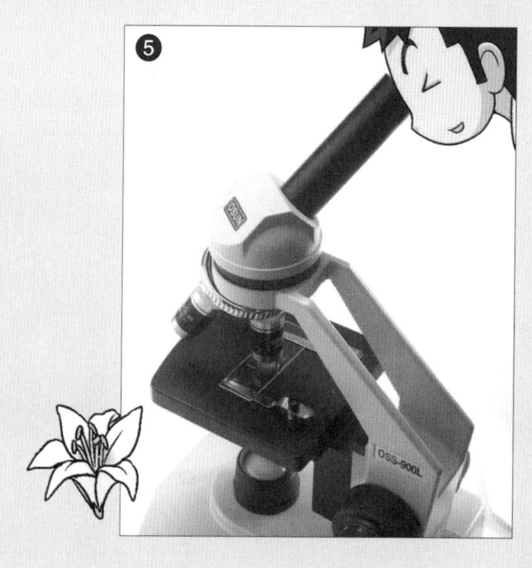

实验结果

属于双子叶植物的玫瑰，其茎部的维管束沿着表皮周围呈现规则的圆圈状排列；相反，属于单子叶植物的百合，其茎部维管束则以不规则的形状散布。

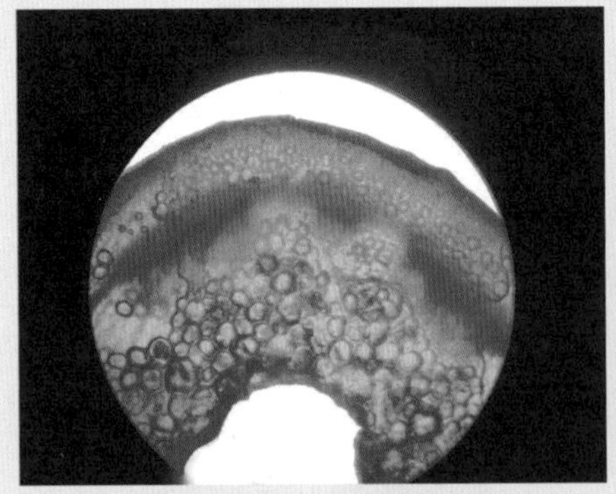
玫瑰茎部的维管束

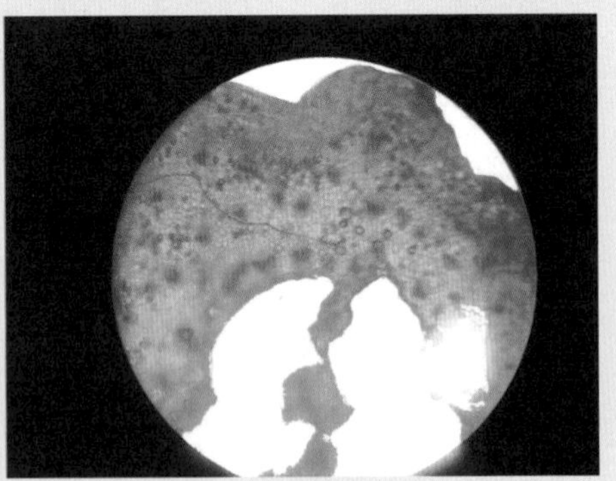
百合茎部的维管束

这是什么原理呢？

植物的茎部里面有负责将根部吸收的水分往上输送的木质部，以及负责把叶子制造的养分输送出去的韧皮部，木质部与韧皮部结合在一起统称为维管束。不论是双子叶植物还是单子叶植物，其茎部都有像维管束的构造，只是双子叶植物多了单子叶植物所没有的“形成层”。

形成层位于木质部与韧皮部之间，是一种分生组织，负责分裂细胞，可以让茎部越来越粗。双子叶植物的维管束因为有形成层，看起来像规则排列的小圆圈，而没有形成层的单子叶植物，其维管束以不规则的方式排列。

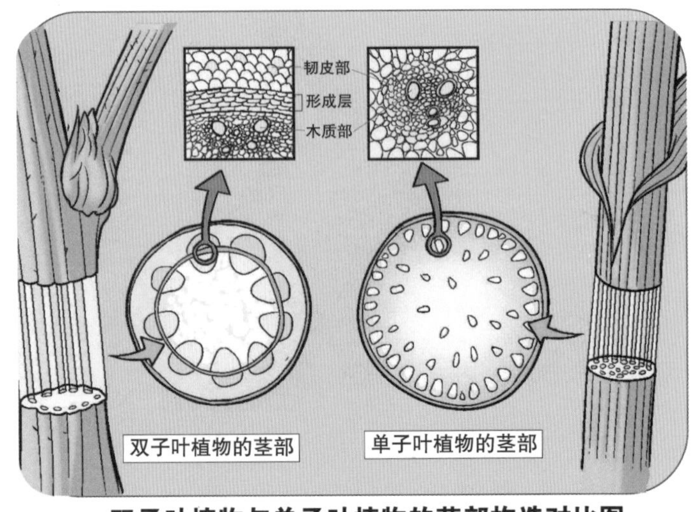

双子叶植物与单子叶植物的茎部构造对比图

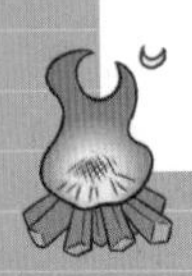

博士的实验室2

动物与植物的结合专题

动物和植物都是由拥有细胞膜的真核细胞所组成的，差别就在于两者的组成成分。

叶绿体会通过光合作用供给养分，而纤维素组成的细胞壁则负责保护细胞与维持形状。

动物的细胞里则有植物细胞里所没有的中心体，负责掌管细胞的有丝分裂。

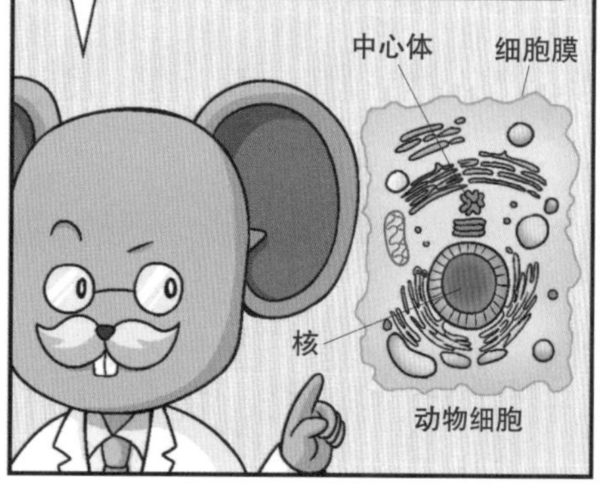

第五部

蜜蜂的袭击

安静
叽叽叽
叽叽叽
哦……
哐当
啊！

我先走了……
这样啊……
别扭
别扭
哐当

你不去
看营火吗？
我想先休息。

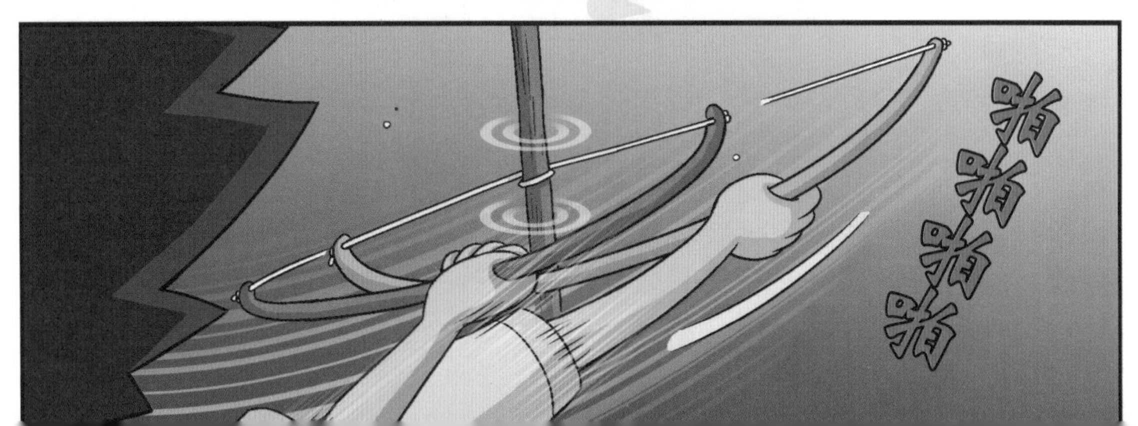
啪
啪
啪
啪

火生好了以后，
就把火苗移到这里来。
这是
礼物……
哈哈……

啪啪啪啪啪啪
嘿
嘿

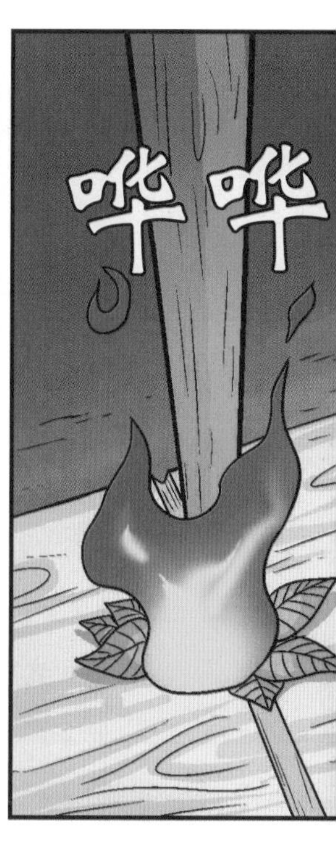
哗哗

呼呼呼呼

哈哈……
真是用心！
而且只有一个人……
哗啦啦啦

呼呼呼呼
哗啦啦

大家一起动手
生火才好玩……
哗哗哗

嗯！
冷清
嗒嗒
嗒嗒
同学们是不是都有事呢？
好像是！

大家好像对营火不感兴趣，会不会太冷清了一点？
如果你也不想来，那就回去吧！
就算只有我一个人，也会把营火弄起来！

我知道，大家都被田在远说的那番话刺激到了。
什么？
刺激？
坐下
哗
哗

其实我才是受打击最大的人！
你也听到那家伙最后说的话了吧？
咬牙

注[1]：正确的成语应该是“举一反三”。

江士元！
啪啪……
啪……
沙沙

你没有资格这么说！
哼
因为
你和他是
同一类的人！

同一类的人？
没错！
你、许大弘
还有
艾力克，
都跟田在远
一个样！
哼

照你这么说，
环视

拾起

松树的松果和蕨类
的叶子是一样的
东西啰？
因为两者
都是植物！
举

差不多吧！只是大小和外观不一样，
这两种植物生存的方式都一样！
都是通过叶子进行光合作用，
通过茎传输水分和养分，
用根吸收水分和养分！

你和我都是人类，所以是一样的。
会摄取食物，
经过消化作用得到能量，
再把废物排掉！

这……这个……
愣
这两种植物还是有差别的，
那就是繁殖的方式！

繁殖的……方式！

是啊，大部分植物通过开花结果进行繁殖，我们把这些植物称为种子植物。
种子植物花的构造
花瓣
雄蕊
雌蕊
花萼
雄蕊的花粉进入雌蕊的胚珠完成受精，接着产生种子。

种子植物依照雌蕊的胚珠是否在子房内，
又可分成被子植物与裸子植物。
胚珠
子房
被子植物
苹果
葡萄
玫瑰
玉米
裸子植物
胚珠
松树
银杏
杉树
雄蕊的花粉传送到雌蕊柱头的方式也不尽相同，
分成植物可自行授粉的自花授粉，以及必须接受其他植物个体授粉的异花授粉。
自花授粉
自花授粉：像是菜豆、稻子等，一朵花的花粉，对同一个体的雌蕊所进行的授粉。
异花授粉：自交不能产生后代的两性花树种，或雌雄同株异花、雌雄异株的树种，须通过异花授粉。
异花授粉
虫媒花：利用昆虫进行授粉。（茉莉、丝瓜、杜鹃）
风媒花：利用风进行授粉。（玉米、高粱、芒草）
水媒花：利用水进行授粉。（水蕴草、金鱼藻）
鸟媒花：利用鸟进行授粉。（香蕉、仙人掌等）

为了能够在
远处繁殖，
被动物吃下肚，
借排泄物移动到
别的地方，
樱桃
葡萄
沙沙
或者乘着风
飞到外地，
枫树
蒲公英
芒草
有些种子会
自己蹦出来，
大豆
堇菜
凤仙花
用尽各种方法
进行移动。
有些则附在
动物或人类身上
移动到别处，
苍耳
大花咸丰草
牛膝
如此辛苦
制造出来的
种子，
也有借着
水移动的，
莲花
椰子
凤眼莲
有些种子则直接
从树上掉落！
橡树
栗子
核桃
植物繁殖的方式
真的好多哟！
吞口水
你们在说什
么有趣的
事吗？
原来植物
为了生存，下了
这么多功夫。
咳咳
慢吞吞
慢吞吞

什么？
还有其他方式吗？
但也不是全部
都是这样！
哗
哗

蕨类这种植物不会开花，
也不是用种子来繁殖，
不属于种子植物。
沙沙

我也没看过
蕨类开的花！
那它们
是如何……

这种
非种子植物，
包括真菌类、
藻类和苔藓类等，
是利用孢子来繁殖的。
孢子繁殖
蕨类
蕨类植物
属于维管束
植物，不会
开花，利用
孢子繁殖。
紫萁
苔藓类植物
虽然会进行光合作用，
但是没有根、
茎、叶的
完整构造。
苔藓类
藻类
生长在水底，
会进行光合作用。
裙带菜
海带
真菌类
无法进行光合
作用，必须
寄生在其他有
机物身上。
微菌
菌菇类

把蕨叶翻到背面，
看到上面的孢子囊群了吗？
孢子藏在孢子囊群的孢子囊里，
孢子会在空气中飘散，若遇到适合
生长的环境，就会定居下来。
幸好有这些孢子，
蕨类即使不会开花也能
进行繁殖！
哇……
哗
哗
竟然还有植物用孢子来繁
殖……植物的繁殖方式还挺
多样的。

并不是到此结束哟！
什么？
还有其他的
繁殖方式？
吓

还有利用叶、茎、根等
营养器官繁殖的营养繁殖。
营养繁殖？

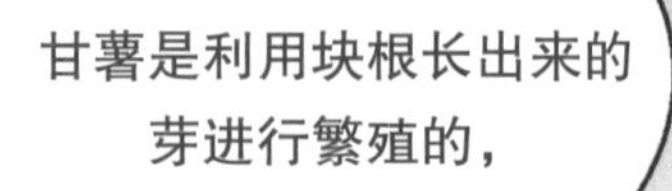
甘薯是利用块根长出来的芽进行繁殖的，

草莓会把长长的茎伸展至别处，再长出新的根。

甘薯的繁殖方式
草莓的繁殖方式

甘薯用根繁殖，
而草莓是用茎繁殖？
呃……
对了，
我以前看见过发芽的马铃薯块茎！

我以为所有的植物都是靠种子繁殖的……
吓……
没想到繁殖的方法竟然有这么多，不管地球的环境再怎么恶劣，植物也一定可以平安生存下来！

呃啊啊
想得太远了！
所以呢？

你说松树和蕨类的繁殖方式是不同的，所以要把它们分成不同类吗？

既然生存的方式不同，
生活的形态也就不同。
当然啰！
其实我想说的
还不止这个。
呼！
什么？
代表针叶树的裸子植物松树，以及属于非种子植物的蕨类，
这两种植物从四亿年前开始，就以不同的方式生存到现在。
你能说这两种生存方式哪个为对，哪个为错吗？

为了生存下去而选择不同生存方式的植物……
谁是对的，谁又是错的？
我们都是朋友！
当然……
不，大家都是敌人。
假如所有的植物都只想用同一种方式生存，
后果不是全都绝种，就是地球上只会剩下几种植物。
我们也和植物一样，以自己的方式努力生存着！
所以那家伙的话虽然不太对，但也不代表都是错的。

是啊，我知道了！照自己认为是对的方式去做就行了。
是对方的选择……
我才不想尊重他！
嗯
你要我们尊重他说的话！
什么嘛！你是第一个因为那小子的话而动摇的人！
现在还敢跟我装熟啊？
嘻嘻
贴

我可以坐这里吗？
当然可以。

好，
江士元！
照你说的，
那就从你先开始
表示！
什么？
指

你先带头尊重我
范小宇的天才能力！
当
嗯？

不屑
他竟然转头不让
读者看到他的表情！
你们都是
证人！
我也会
那样做吧？

什么声音啊？
嗯？
嘟
嘟嘟

啊……
是什么呢？

锅里好像有什么东西。
嘟嘟
嘟嘟

味道好香哟！
闻
闻
闻

啪
嘟嘟嘟
啪啪

哇啊，爆米花！
老师对我们真好！
啪啪
啪
我们快吃吧！
啪啪

心怡，
心怡！
来，吃点这个，
心怡，你先吃！
啪啪
小心点！
啪
嗯，谢谢！
我们
回帐篷吧！
哼
听不见
流口水
真的！
一定
很美味！
米娜快来吃！
这才是露营应有的美味。
咯吱
咯吱
咯吱
是啊，即使我和你不是
同一类，我也会尊重你，
因为你是我的对手。
哇啊！简直是
艺术！
老师，
尝尝看。
呵呵，谢谢！
啪啪
但其实
我……

跟你们是
同一类的！
而且……
一方面尊重对方，
同时也要小心戒备，
毕竟是为了赢得大赛
才来这里的。
嗖！成功！
嗖，
啊
沙沙
呼
……
你们在
干吗？
咕噜噜
呼呼
营火晚会
最棒了！

啾 啾
啾
当啷
抓取
抓取
呼啊啊
哈啊，睡得好饱！

在这里生存也不简单，昨晚梦到被大家逼着去洗碗！
去洗碗 洗碗 去洗碗
哇
抓痒
嗒嗒
嗒嗒

咦？
空

喂，你们快看！昨晚吃剩的爆米花全都不见了！
空
空

嘻嘻
喂，许大弘！
爆米花这么好吃啊？
心惊

你到底在说什么？
我干吗吃那个？
暴怒

拍拍
你昨天应该趁热吃才对。
现在应该软掉了，不会那么好吃了。
拍拍
不用狡辩了，
我都闻到味道了。
不是我！
我是清白的！
啾
啾
啾
啾
大家都睡好了吗？

老师
睡得好吗？

今天吃完早餐后，紧接着进行观察采集活动，下午就要回宿舍了。
来抽签吧。

请各校实验社各派一位代表过来。
嗒嗒嗒
好！

嗯……
扭扭
捏捏

干吗犹豫呢？
我本来要拿
那一张！
沙

跟我换！
不要！

糟了，我们要观察鸟类，要怎么抓啊？
鸟类

为什么偏偏抽到虫……
退缩
退缩
退缩
节肢动物

哇啊，抽到植物！
植物
抽到上上签！
噢
呵呵
呵呵呵

吃过早餐后，各队就可以开始行动了。
观察采集的活动时间是3个小时！
12点到这里集合就可以了。
好

如果遇到紧急情况，
记着要吹哨子。
不要走得
太远哟！
我们要抓满
整个箱子！
点头
我帮你拍照片。
别拍了，
应该拍鸟吧！
咔嚓
闻闻

采集越多就一定越好吗?
要看采集的
目的是什么。

先来了解四周植物
的分布怎么样?
很多都是
没见过的!

嗯,
不错的点子。
那我们依照种类
进行分配吧!
嗯……

我负责采集草本植物。

心怡负责采集树叶。

小宇负责
采集花朵和果实。

请大家把采集的地点
标在地图上交给聪明,他会
负责整理,然后做成植物分
布图。

沙
沙
嘘!

搞不好那家伙
躲在附近偷听！
呵呵呵呵
说话小声一点！
啊！
东张
西望

那个人会在附近吗？
有可能哟……
紧张

鬼祟
田在远！
你在那里吗？
我感受到你的
黑暗气息了！
哪里？
哪里？
……

我们从这
里开始！
已经分配
完啦？
沙沙
沙沙沙
沙沙沙沙

……
又找到了！
拿
这根羽毛跟刚才那根长得不一样！
先放进去！等收集完后再做比较吧！
沙沙……
动物在季节变换时才会换毛，现在正是寻找鸟类羽毛的最佳时机。
把我们找到的鸟类羽毛跟米娜所拍的鸟类照片做比较，分析附近有哪些鸟类栖息。
啪啪啪
咔嚓
写详细一点！

注[1]：猛禽类：像老鹰、蛇雕、灰林鸮这种，拥有尖锐的嘴巴与爪子的肉食性鸟类。

真可惜！
是只很特别的蝴蝶……
你干吗出手？
我不是说我会
抓吗！
对不起。

蝴蝶群聚的品种因
花朵的颜色而有所
不同，你们去那边
看看！
别来
妨碍我……
嗡嗡嗡嗡

是蜜蜂！两边的
脚上都沾满了花
粉……
咕噜
嗡嗡
东看看
西看看
它现在一定是
要回蜂巢。

太好了！
跟着它
去找蜂巢！

一旦找到野生
的蜂巢……
嘿嘿
嗡嗡嗡嗡
任务
就完成了！

它的速度
减慢了！
嗡嗡嗡

飞到树上了？
嗡嗡嗡

这么说来……

在树后！
冒出
嗒嗒

咦？
呃啊！
砰！

你要挑战我的
铁头功吗？
没事
头昏
脑涨
我撞到
石头了吗？

嗡嗡嗡嗡
嗡嗡
呃！

嗡嗡……
嗡……
嗡嗡嗡……
果然有蜂巢！

嗯？
对看
对看

什么啊！蜜蜂属于节肢动物，你干吗要跟我抢？
真是无知！蜂巢可是一个堆满花蜜和花粉的仓库！

哼！
别人说话的时候……
总该听一下吧？

真是个讨厌鬼！
怒气冲天
听你说话干吗？
只会耳朵痛……
我总有一天会收拾你……

不，干吗等呢？现在就可以……
呵呵呵
好，作战开始！

啊，有蛇！
许大弘！你身边有一条蛇！
心惊

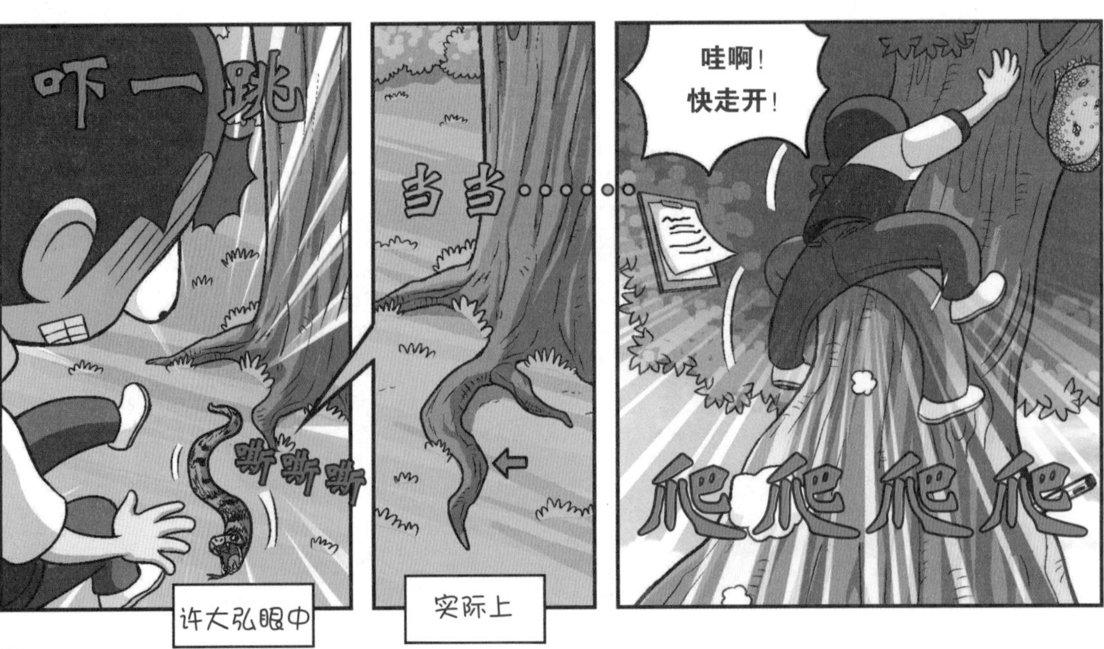
吓一跳
嘶嘶嘶
许大弘眼中
当当……
实际上
哇啊！快走开！
爬爬爬爬

回过神
噗

你……

糟糕，不是蛇，原来是树枝啊！
嘿嘿嘿
我看错了呢！

发抖
像寄生虫一样的浑蛋！
发抖
发抖

我绝对不会……
嗖
跳

摇晃
饶过你……
摇晃

嗡嗡嗡
蠕动
嗡嗡
蠕动

噗噗噗噗
嗡嗡
嗡
嗡嗡嗡
目瞪
口呆

嗡嗡嗡
噗噗噗噗噗
噗噗
嗡嗡嗡嗡嗡

快、
快点……
逃……

快逃啊！
嗞
嗞
啪啪

！！
别过来啊！
无动于衷
嗡
嗡嗡
嗡
嗡
嗡嗡嗡
嗡
嗡嗡嗡

蜂群？
嗒
停下来！

别跑，
快点趴下！
啊呜！
嗡嗡
嗡嗡嗡嗡
嗡嗡嗡
两个笨蛋
没听到！
嗒嗒嗒嗒嗒

两个笨蛋！
嗒
嗒
小宇！
嗡嗡嗡
你给我走开！
蜜蜂是在追你！
嗡嗡嗡
嗡
呃啊！
不要！
听着，
别再跑了！
呃啊！
你们越跑，
它们就越兴奋！
哇啊啊！
嗒
嗒
嗒
嗒
嗒
啊！
聪明，
看到小宇
了吗？
没有，
只看到士元！

止步
惨了，
跑太远了！
这样下去，大家
都会迷路的！
聪明！
跌倒
喘喘……
喘喘
得请人来帮忙了……
该怎么办呢？
必须尽快决定！
嗡嗡嗡
呃啊啊啊
快点！

哐啷啷啷
哐
啷
啷
啷
呃啊啊！
哐哐

等等！
顿住

你们回去
找救兵！
我会循着他们
消失的方向
跟过去！我会在
路上做记号的！

敬请期待 科学实验王 19 地形与水文

书中人物的实验器材操作动作仅作为艺术处理，而非教学示范。规范的实验器材操作请在专业人士指导下完成。

植物器官的构造与功能

植物无法像动物一样随心所欲地四处活动，必须自己制造养分才能维持生命。幸好植物身上拥有制造养分时所需的构造，植物的根、茎、叶在植物的成长过程中扮演着重要的角色。

叶的构造与功能

叶子主要由叶片、叶柄和托叶三个部分组成，通常叶片和叶柄相连，并且长在茎上。叶子的表面有数以万计我们肉眼看不出来的小孔，这些小孔称为气孔。叶子会进行光合作用、呼吸作用与蒸腾作用。利用光能，使二氧化碳和水合成有机物的是光合作用；吸收氧气排出二氧化碳的是呼吸作用；将植物体内的水分排放到大气中的则是蒸腾作用。

光合作用　指的是绿色植物通过叶绿体等，利用光能将二氧化碳和水转化为有机物，同时释放出氧气的过程。阳光越强，则光合作用的量就会越多；在没有阳光的夜晚，便不会进行光合作用。

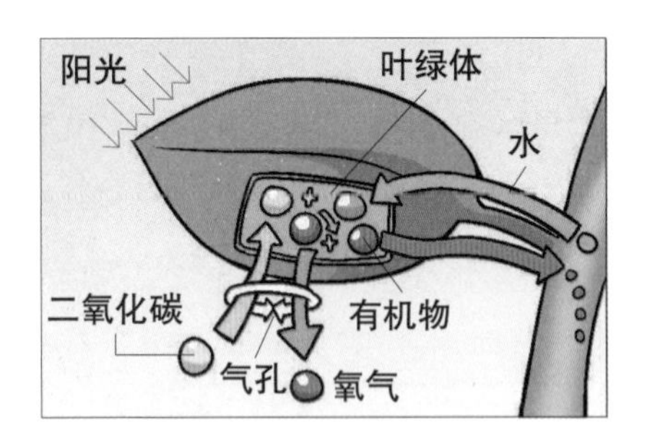

呼吸作用　只要是活着的植物，一整天都会呼吸。植物的呼吸是指利用氧气让养分氧化，然后转成能量的过程，此时植物会吸收氧气并排放二氧化碳。白天的时候，光合作用会比呼吸作用更旺盛，晚上则只会进行呼吸作用。

蒸腾作用　从根部吸收的水会经过茎的木质部传输到叶子，再从叶子背面的气孔排出去，这种现象就称为蒸腾作用。蒸腾作用除了能将植物体内多余的水分排出去之外，也会帮助叶子散热，所以具有调节植物温度的功能。

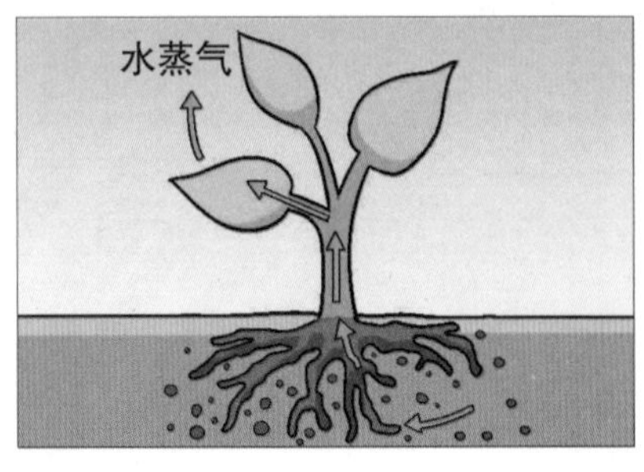

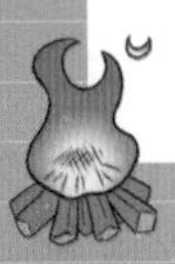

茎的构造与功能

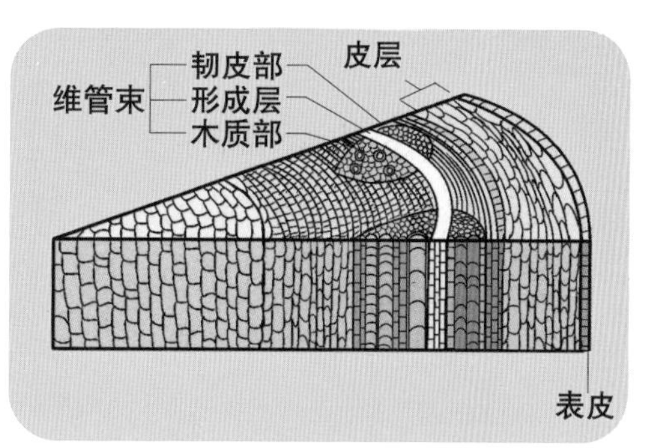

茎的构造

植物的茎主要由表皮、皮层、维管束所组成，表皮位于茎的最外层，可以阻挡水分的蒸发；位于表皮与维管束中间的皮层，可以储存植物生长时所需的各种物质；维管束则是由负责输送水分的木质部与负责输送养分的韧皮部所组成，而双子叶植物的木质部与韧皮部中间还多了一层形成层。茎具有能够输送水分与养分的输导作用以及支撑叶子、果实、花朵的支持作用，还有储藏营养物质的贮藏作用和繁殖新植株的繁殖作用。

根的构造与功能

植物的根主要由吸收土壤里面的水分与养分的“根毛”，能够分裂细胞、帮助根顺利成长的“生长点”，以及包覆生长点的“根冠”所组成。根的主要功能有：在泥土里支撑茎的支持作用、储存养分的贮存作用、繁殖作用，以及吸收土壤里面的水分与养分的吸收作用等。根能够从泥土里吸收水分与养分，主要是基于低浓度溶液中的水会往高浓度溶液移动的渗透现象，根毛细胞内溶液的浓度总是比土壤溶液的浓度高，所以水分才能够传输到木质部。

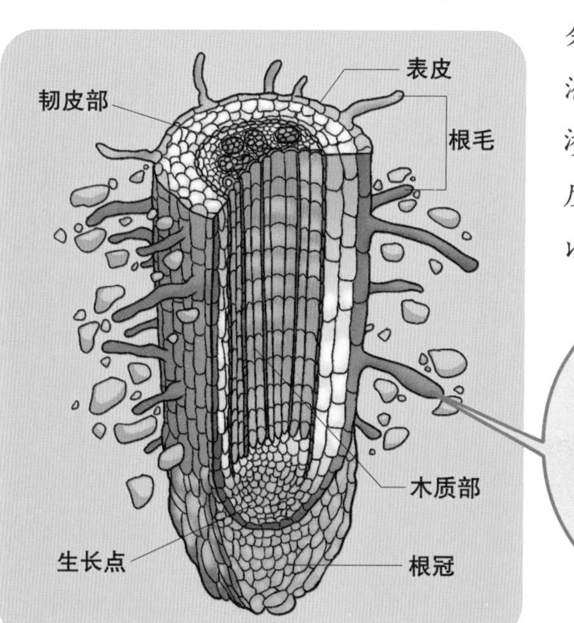

根的构造

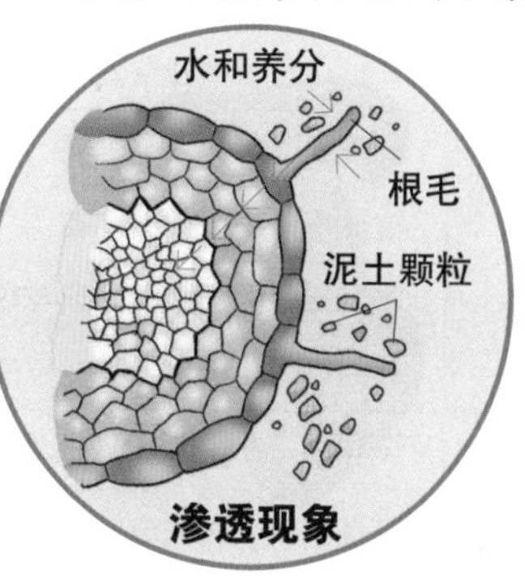

渗透现象

花的授粉与受精

花可以制造出繁殖后代的花粉，所以花属于植物的生殖器官。当花朵里的雌蕊接收了雄蕊的花粉后，会结出带有种子的果实。种子落在适当的环境中后会发芽，逐渐长成新的植物体，不断地重复这样的过程，就是植物的繁殖方式。

花的构造

花主要由花蕊、花瓣、花萼组成。花蕊又分为雌蕊和雄蕊，以雌雄同花的植物为例，雌蕊位于花的正中央，由柱头、花柱、子房构成。子房里面有胚珠，柱头具有黏性，以便让花粉能够沾上。

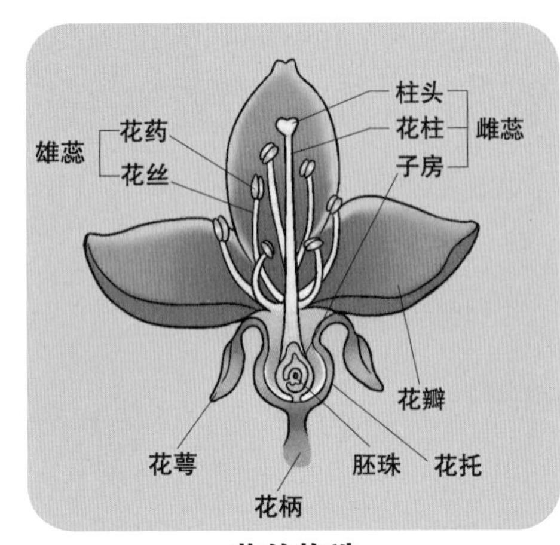

花的构造

雄蕊部分则由花药、花丝构成，花药里面有许多花粉。花瓣主要负责保护花蕊，有时候为了达到授粉的目的，也会利用颜色或香味来诱引昆虫或鸟类。花萼位于花瓣的外侧，负责支撑花瓣，使花瓣不至于掉落。有些特殊的花萼也会发展成类似花瓣的形态，例如百合花。

花的分类

花的构造	完全花	拥有花瓣、花萼、雌蕊与雄蕊等四部分的花。	樱花、菊花
	不完全花	没有花瓣的花。	稻子、小麦
		没有花萼的花。	郁金香、菖蒲
		没有雌蕊或雄蕊的花。（单性花）	黄瓜、南瓜
花瓣形状	合瓣花	花瓣相连的花。	牵牛花、桔梗
	离瓣花	花瓣分开的花。	茶花、波斯菊
雌蕊与雄蕊	两性花	同时具有雌蕊与雄蕊的花。	梅花、百合
	单性花	只具有雌蕊或雄蕊的花。	荨麻
花粉的传播方式	虫媒花	利用昆虫进行授粉。	桔梗、南瓜
	风媒花	利用风进行授粉。	蒲公英、松树
	水媒花	利用水进行授粉。	莲花、水蕴草
	鸟媒花	利用鸟进行授粉。	凤梨、香蕉

授粉与受精

花为了能结成果实，必须经过授粉与受精的过程。所谓的授粉，是指利用风、昆虫、鸟类等作为媒介，将雄蕊的花粉移到雌蕊的柱头上。受精则是指花粉受到柱头上黏液的刺激,萌发出花粉管,花粉管里的精子与胚珠里的卵细胞结合,形成受精卵的过程。受精完成以后，子房才会长成果实，胚珠才会长成种子。

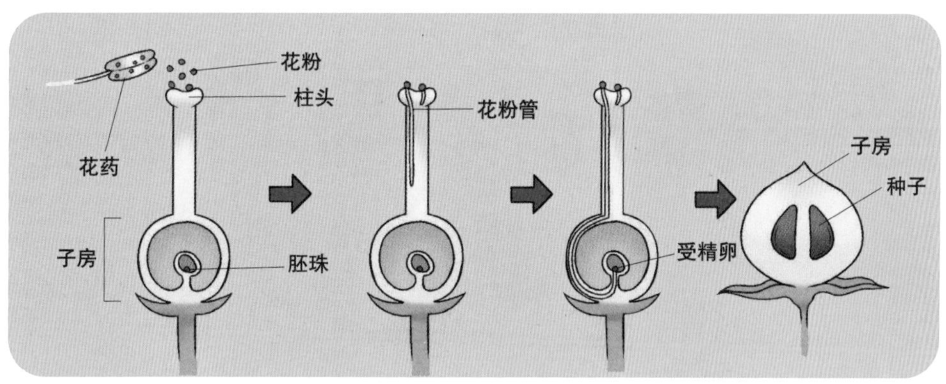

受精后长成种子的过程

果实的构造与种类

果实由种子与包覆种子的果肉和果皮组成，通常单纯由子房发育而成的果实称为“真果”，例如柿子、桃子。如果果实是由子房及花的其他部分——例如花萼、花托等部位——共同发育形成的，便称为“假果”，例如苹果、草莓。

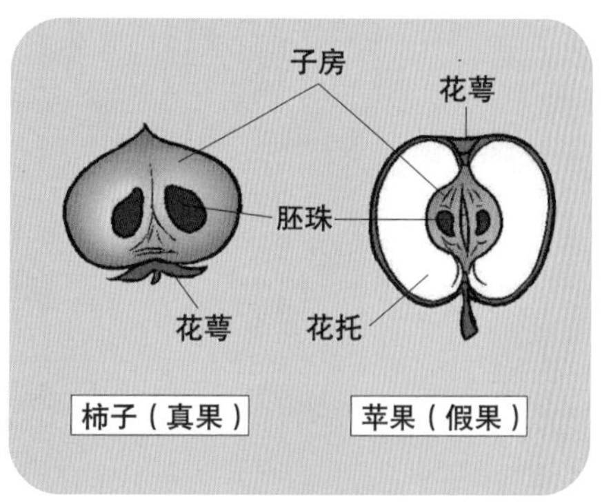

果实的构造

种子的构造

种子由种皮、胚和胚乳组成，胚是新植物的幼体,由胚芽、胚轴和胚根组成。在有胚乳的种子中，胚乳主要提供胚所需养分，而豆科植物的种子中没有胚乳，通常会把养分储存在子叶中。

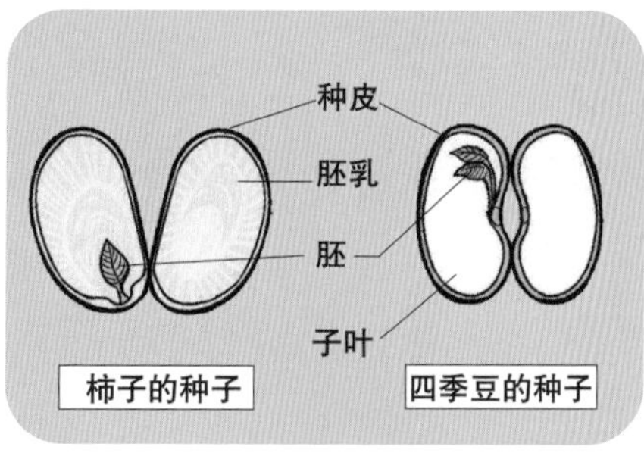

种子的构造

《科学发明王》即将出版，是我呕心沥血
画的，你们一定要看哟！

一定
要再见面！
握！

图书在版编目（CIP）数据

植物的器官/韩国小熊工作室著;(韩)弘钟贤绘;徐月珠译. —南昌:二十一世纪出版社集团, 2018.11(2025.3重印)

(我的第一本科学漫画书. 科学实验王: 升级版; 18)

ISBN 978-7-5568-3834-9

Ⅰ.①植… Ⅱ.①韩… ②弘… ③徐… Ⅲ.①植物—少儿读物 Ⅳ.①Q94-49

中国版本图书馆CIP数据核字(2018)第234029号

版权合同登记号：14-2011-583

我的第一本科学漫画书
科学实验王升级版⑱植物的器官　[韩] 小熊工作室/著　[韩] 弘钟贤/绘　徐月珠/译

责任编辑	邹　源
特约编辑	任　凭
排版制作	北京索彼文化传播中心
出版发行	二十一世纪出版社集团（江西省南昌市子安路75号　330025） www.21cccc.com cc21@163.net
出 版 人	刘凯军
经　　销	全国各地书店
印　　刷	江西千叶彩印有限公司
版　　次	2018年11月第1版
印　　次	2025年3月第9次印刷
印　　数	70001～79000册
开　　本	787 mm × 1060 mm 1/16
印　　张	12.25
书　　号	ISBN 978-7-5568-3834-9
定　　价	35.00元

赣版权登字—04—2018—416

购买本社图书，如有问题请联系我们：扫描封底二维码进入官方服务号。服务电话：010-64462163（工作时间可拨打）；服务邮箱：21sjcbs@21cccc.com。